JN233644

科学技術入門シリーズ 1

機械システム工学入門

男之弘巳二治茂
茂弘吉敦章史昭顕章洋
園永田槻木田尾地義
竹田沼山
岩成大髙蒔池田藤井
中加藤
小中加藤
▶著

朝倉書店

執筆者

竹園 茂男 (たけぞの しげお)	豊橋技術科学大学工学部教授
岩永 弘之 (いわなが ひろゆき)	愛知工業大学工学部教授
成田 吉弘 (なりた よしひろ)	北海道工業大学工学部教授
大槻 敦巳 (おおつき あつみ)	名城大学理工学部教授
髙木 章二 (たかぎ しょうじ)	豊橋技術科学大学工学部教授
蒔田 秀治 (まきた ひではる)	豊橋技術科学大学工学部教授
池尾 茂 (いけお しげる)	上智大学理工学部教授
三田地 紘史 (みたち こうし)	豊橋技術科学大学工学部教授
小沼 義昭 (おぬま よしあき)	豊橋技術科学大学工学部教授
中山 顕 (なかやま あきら)	静岡大学工学部教授
加藤 章 (かとう あきら)	中部大学工学部教授
藤井 洋 (ふじい ひろし)	岐阜大学工学部教授

(執筆順)

まえがき

　機械工学は，古くから工学の中心に位置し，他の工学と密接なかかわりをもっている．したがって，機械工学の知識は，機械や構造物を設計，製作，使用する技術者のみならず，広く工学一般に携わる人々にとっても必要不可欠なものである．

　本書は，機械系の学生には，入門書あるいは各種資格試験（FE試験，技術士補試験，公務員試験等）のための復習用として，また他学科の学生には機械工学概論書として，利用できる．主に，大学，短期大学，高専の学生を対象としているが，一般工業技術者が機械工学の基礎を理解するためにも有用である．

　執筆に際しては，各分野の専門家12名が担当し，内容の程度を下げずに，記述を平易にし，新しさも加味した．

　本書の執筆に当たり，内外のすぐれた多くの著書を参考にさせていただいた．巻末に「文献」を示して，深い謝意と敬意を表したい．最後に，本書の刊行に当たって，大変お世話になった朝倉書店編集部の方々に厚く御礼を申し上げる．

　2002年2月

著　　者

目　　次

1. 序 …………………………………………………………………〔竹園茂男〕… 1
   - 1.1 機械の定義　1
   - 1.2 機 械 工 業　2
   - 1.3 機 械 工 学　2
   - 1.4 単位系（SI）　3

2. 材　　料 ………………………………………………………………〔岩永弘之〕… 7
   - 2.1 機械材料の選択　7
   - 2.2 金属材料の結晶構造　10
     - a．純金属の結晶構造と変態　11
     - b．合金の結晶構造　12
   - 2.3 炭　素　鋼　13
     - a．炭素鋼の状態図　13
     - b．炭素鋼の変態および標準組織　14
     - c．炭素鋼の熱処理　15
   - 2.4 合　金　鋼　16

3. 材料力学 ………………………………………………………………〔竹園茂男〕… 17
   - 3.1 応力とひずみ　17
     - a．応　　力　17
     - b．ひ ず み　19
     - c．フックの法則　21
   - 3.2 引張りと圧縮　22
     - a．棒の引張りと圧縮　22
     - b．熱 応 力　23

3.3 はり　24
　a. は　り　24
　b. はりの種類　25
　c. はりのせん断力と曲げモーメント　26
　d. はりの曲げ応力　30
　e. はりの曲げによるたわみ　35
3.4 丸棒のねじり　40
3.5 柱　43
　a. 柱の座屈　43
　b. 座屈応力　45

4. **機械力学（動力学）**……………………………〔成田吉弘〕… 47
4.1 力学とモデリング　47
4.2 物体の運動の表し方——運動学　49
4.3 並進運動と力の関係——ニュートンの運動法則　52
4.4 回転運動と力の関係　54
4.5 振動現象の力学　57
4.6 1自由度系の自由振動　58
4.7 減衰を考えた1自由度系の自由振動　61
4.8 振動的な外力を受ける1自由度系の応答　63

5. **機構学（メカニズム）**…………………………〔大槻敦巳〕… 65
5.1 機構と機械　65
　a. 機　構　65
　b. 機械の簡単な定義　65
5.2 機素と対偶　67
　a. 接触方法による対偶の分類　67
　b. 運動拘束性による対偶の分類　68
　c. 自由度による対偶の分類　69
5.3 節と連鎖　69
　a. 節の分類　69

b． 連鎖の動き　69
　5.4　連鎖の動き方の判定法　70
　5.5　連鎖の自由度解析（平面運動連鎖）　71
　5.6　連鎖の運動解析（平面運動連鎖）　71
　　a． 図式解法による解析　72
　　b． 数理解法による解析（ベクトル解法）　74

6．**制御工学** ………………………………………………………〔髙木章二〕… 77
　6.1　制御とは何か　77
　6.2　制御システムの表し方　78
　　a． 伝 達 関 数　79
　　b． ブロック線図　79
　6.3　制御システムの応答　80
　　a． ラプラス変換　80
　　b． ステップ応答　83
　6.4　システムの安定問題　85
　6.5　制御のよさ　86
　　a． 定 常 特 性　86
　　b． 過 渡 特 性　89
　　c． 周 波 数 応 答　90
　6.6　制御システムの設計　91

7．**流体力学** ………………………………………………………〔蒔田秀治〕… 93
　7.1　流体とは何か　93
　7.2　流体力学の歴史　94
　7.3　基礎方程式　95
　　a． 連続の式（質量保存則）　95
　　b． オイラーの運動方程式　96
　　c． ベルヌーイの定理　97
　　d． ベルヌーイの定理の応用　98
　7.4　完全流体の流れ　99

  a．速度ポテンシャルと流れ関数　99
  b．流　れ　関　数　100
  c．複素ポテンシャル　100
  d．等　角　写　像　101
 7.5　粘性流体の力学　102
  a．ニュートンの粘性法則　102
  b．ナビエ-ストークス方程式　103
  c．レイノルズの実験とレイノルズ数　104
  d．レイノルズの相似則　105
 7.6　管路の流れ　106
  a．流　速　分　布　106
  b．流　　　　量　106
  c．摩　擦　係　数　107
  d．乱流状態の管路流れ　108
 7.7　境　界　層　110
  a．境界層の概念　110
  b．境界層方程式　111
  c．境界層を特徴づける厚さの定義　112
  d．境界層のはく離　113
 7.8　自由せん断乱流　115
  a．噴流と後流　115
  b．速度分布と半値幅　115
  c．円柱後流とカルマン渦　116

8. **流 体 機 械**……………………………………………〔池尾　茂〕… 118
 8.1　流体機械の分類　118
 8.2　流体機械におけるエネルギー保存則　120
 8.3　運動量の法則によるターボ機械の理論　122
 8.4　ポ　ン　プ　124
 8.5　水　　　車　126
 8.6　流体伝動装置　127

9. 熱力学 …………………………………………………〔三田地紘史〕… 129

9.1 熱力学の第1法則　129
 a. 系と周囲　129
 b. 可逆変化と不可逆変化　129
 c. 熱力学の第1法則　130
 d. 閉じた系のエネルギー式　131
 e. 開いた系のエネルギー式　132

9.2 理想気体の状態変化　134
 a. 理想気体の状態式　134
 b. 比熱，内部エネルギーおよびエンタルピー　135
 c. 理想気体の状態変化　136

9.3 熱力学の第2法則　139
 a. 自然現象の変化の方向　139
 b. 熱力学の第2法則　140
 c. 熱機関および冷凍機のサイクル　140
 d. カルノーサイクル　141

9.4 エントロピー　143
 a. 可逆変化におけるエントロピーの変化　143
 b. 不可逆変化におけるエントロピーの変化　145
 c. 熱力学の第2法則のエントロピーによる表現　146
 d. 物質のエントロピー　147
 e. 温度-エントロピー線図　147

10. 熱機関 ……………………………………………………〔小沼義昭〕… 150

10.1 燃焼　151
10.2 往復動内燃機関　152
 a. ガソリン機関　152
 b. ディーゼル機関　154
10.3 ガスタービン機関　155
10.4 蒸気原動機　156

a．蒸気の性質　156
　　b．蒸気サイクル　157

11. 伝熱（熱移動）　〔中山　顕〕… 160
　11.1　熱移動の様式　160
　11.2　フーリエの法則および熱伝導率　161
　11.3　熱伝達率と温度境界層　162
　　a．熱伝達率　162
　　b．温度境界層　162
　11.4　熱伝導の見積もり　163
　11.5　対流熱伝達　165
　　a．レイノルズ数とグラスホフ数，層流と乱流　165
　　b．ヌッセルト数　166
　　c．対流熱伝達の支配方程式　167
　　d．熱伝達の見積もり　168
　11.6　沸騰と凝縮　169
　　a．沸騰曲線　170
　　b．プール核沸騰の整理式　171
　　c．凝縮熱伝達　171
　11.7　熱放射　172

12. 機械設計　〔加藤　章〕… 174
　12.1　機械要素　174
　　a．ねじ　175
　　b．歯車　177
　12.2　機械製作の手順と機械設計　179
　12.3　最近の機械設計　181
　　a．製品設計の方向　181
　　b．環境を考えた設計　183
　　c．情報技術（IT）の利用　184

13. 機械工作 〔藤井　洋〕… 188

- 13.1 人の手による作業および加工　188
  - a. 形状, 寸法の計測　188
  - b. 基準ゲージと限界ゲージ　191
  - c. 仕上げ作業　192
- 13.2 切削加工　192
  - a. 切削用工具材料　192
  - b. 金属の切削機構　194
  - c. 切削加工の種類　195
- 13.3 研削加工　203
- 13.4 鋳造法　203
- 13.5 塑性加工　204
  - a. 鍛造加工　204
  - b. プレス加工　204
- 13.6 その他の加工　204

文　献　206
索　引　209

1

序

1.1 機械の定義

　機械とは，人間の動作，認識の機能を拡大，増進し，人間に利便を与えるもの，といえる．

　人間はあまり速く走る（移動する）ことはできない．あまり重いものを運ぶこともできない．水の中を泳いだり，空中を飛ぶことも苦手である．これを可能にするのが，自動車，鉄道車両，船舶，航空機，ロケットなどの輸送機械である．五感（視・聴・嗅・味・触）についても人間には限度がある．また，あまり細かい計算，記憶，作業は得意ではない．これを拡大，可能にするのが，光学機械，通信機，測定機器，計算機，マイクロマシンなどの情報・精密機械である．

　われわれの身辺には無数の機械があるが，これを大別すると，
　(1)　電気機械：発電機，電動機，電子機械，家電製品など
　(2)　輸送機械：自動車，鉄道車両，船舶，航空機，ロケットなど
　(3)　情報・精密機械：計算機，測定機器，光学機械，通信機，医療機械，マイクロマシン，ロボット，映像・音響機器，事務機械など
　(4)　化学機械（化学プラント）：石油精製装置，石油化学プラント，肥料製造プラント，バイオケミカルプラント，都市ガスプラントなど
　(5)　その他の機械：産業機械，農業機械，水産機械，工作機械など
となる．

1.2 機械工業

　農林・水産業，鉱業などのように，自然に存在する資源を採取または育成する産業に対して，これらの生産物に機械を用いて加工を施し，多種多様な生産物（製品）を，一定の場所（たとえば工場）で，一定量，連続的に製造する産業を工業 (industry)，または製造業 (manufactory industry) という．産業の中でも，商業，金融，保険，運輸，医療，教育など，サービス業は「物」を生産しない．また，建設業は，「物」を作るが，工場生産をあまり行わないので，ふつうは工業（製造業）に含めない．

　工業（製造業）のうち，機械を直接生産する工業に限って，これを機械工業という．機械工業以外の工業や鉱業などは，機械を直接生産しないが，最終的には機械を作るための製品を生産している場合が多い．

　今日，工業（製造業）ではもちろん，農林・水産業，鉱業など，さらには，「物」を生産しないサービス業など，すべての産業において，「機械」を使わないものはない，といっても過言ではない．このように，「機械」は，人間の営為（いとなみ）の中に広く，深く浸透し，人間の生活を支えている．現代文明は機械文明といわれる所以（ゆえん）である．そして今後も，機械工業は，文明が続く限り，重要な役割を果たして，ますます発展し続けるであろう．

1.3 機械工学

　機械工学 (mechanical engineering) は，機械の設計，製作，性能，利用など，機械に関するすべての事柄について，理論的，実験的，数値解析的に研究する工学の中心的な一大分野である．

　機械工学の基礎部門としては，固体力学（材料力学），機械力学（運動学），材料工学，機構学，流体力学，熱力学，伝熱学，制御工学などがある．固体力学は，機械の構成部分に引張力や圧縮力，曲げやねじりのモーメントが作用したときに，その部分がいかに変形するか，またいかなる応力が発生するかを論ずる学問である．静的な力ばかりでなく，衝撃力などによる変形や応力も取り扱う．機械力学は，外力や運動によって生じる速度，加速度を求め，それらが機械に及ぼ

す影響などを考える．また，外力によって生じる振動現象も研究対象とし，振動による破壊を防ぐのに用いられる．機械の各部に作用する外力，運動によって生じる摩擦，摩耗，疲労，あるいは腐食など，種々の条件に耐える材料を選ぶには，材料工学の知識が必要である．機構学は，機械各部の相対運動を各部の変形を考えることなしに考察するもので，機械が目的に応じて，いかなる働きをするかを知る学問である．

　流体力学は，水力タービン，船舶など，水の流れを利用する機械や，空気の流れを利用する航空機，油圧を利用する油圧機器など，流体機械の研究に応用され，またその理論的研究も重要な分野である．

　熱力学，伝熱学は，内燃機関，蒸気タービンのように，ガソリンを燃焼させたり，高温の水蒸気を利用する熱機関の構造，運動，効率などを理論的に研究する学問である．機械全体を一つのシステムとして，いかに効率よく制御するかを研究する制御工学も基礎部門の一つである．

　目的に合った性能を持つ機械をいかに作ればよいかを考える機械設計，設計したものを実際に製作する方法を考える機械工作法も機械工学の重要な分野である．

　最近は，環境工学，生産管理，人間工学，産業能率，医療機械，バイオメカニクス，遺伝子工学，計算工学なども機械工学に含めて研究するようになってきている．

1.4　単 位 系 (SI)

　本書では，日本の計量法の基礎となっている国際単位系（Le Système International d'Unitès, 世界共通の公式略称は SI）を使用する．

　SI は，7個の基本単位と2個の補助単位（表1.1），およびこれらを組み合わせた組立単位とから構成される．機械工学において用いられる主要な組立単位を表1.2に示す．機械工学では，これらの単位では，大きすぎたり，小さすぎたりして，不適当な場合がある．その場合には，接頭語マイクロ [μ]，ミリ [m]，キロ [k]，メガ [M]，ギガ [G] などを付して，マイクロメートル [μm]，ミリメートル [mm]，キロワット [kW]，メガパスカル [MPa]，ギガパスカル [GPa] のように表す．SI接頭語を表1.3に示す．

表 1.1　SI 基本単位と補助単位

	量	名　称	記号
基本単位	長　さ	メートル	m
	質　量	キログラム	kg
	時　間	秒	s
	電　流	アンペア	A
	熱力学温度，温度差	ケルビン	K
	物質量	モル	mol
	光　度	カンデラ	cd
補助単位	平面角	ラジアン	rad
	立体角	ステラジアン	sr

表 1.2　機械工学で用いられる主要な組立単位

(1) 固有の名称を持つ組立単位（19 個）

量	名　称	記号	定　義
周波数，振動数	ヘルツ	Hz	s^{-1}
力	ニュートン	N	$m \cdot kg \cdot s^{-2}$
圧力，応力	パスカル	Pa	N/m^2
エネルギー，仕事，熱量，エンタルピー，電力量	ジュール	J	$N \cdot m$
仕事率（工率，動力），熱流量，(有効)電力，放射束	ワット	W	J/s
電気量，電荷	クーロン	C	$A \cdot s$
電位差（電圧），電位，起電力	ボルト	V	W/A
静電容量，キャパシタンス	ファラド	F	C/V
電気抵抗（直流）	オーム	Ω	V/A
コンダクタンス（直流）	ジーメンス	S	A/V
磁　束	ウェーバ	Wb	$V \cdot s$
磁束密度，磁気誘導	テスラ	T	Wb/m^2
インダクタンス	ヘンリー	H	Wb/A
セルシウス温度，温度差	セルシウス度	°C	$t°C = (t + 273.15)K$
光　束	ルーメン	lm	$cd \cdot sr$
照　度	ルクス	lx	lm/m^2
放射能	ベクレル	Bq	s^{-1}
吸収線量	グレイ	Gy	J/kg
線量当量	シーベルト	Sv	J/kg

（電子ボルト　eV　1.60219×10^{-19} J）

(2) 基本単位または補助単位を用いて表される組立単位の例

量	名　称	記号
面　積	平方メートル	m^2
体　積	立方メートル	m^3

1.4 単位系（SI）

量	名称	記号
速度	メートル毎秒	m/s
加速度	メートル毎秒毎秒	m/s²
角速度, 角振動数	ラジアン毎秒	rad/s
角加速度	ラジアン毎秒毎秒	rad/s²
回転数, 回転速さ	回毎秒	s^{-1}
密度, 濃度	キログラム毎立方メートル	kg/m³
比体積	立方メートル毎キログラム	m³/kg
線密度	キログラム毎メートル	kg/m
運動量	キログラムメートル毎秒	kg·m/s
運動量のモーメント, 角運動量	キログラム平方メートル毎秒	kg·m²/s
慣性モーメント	キログラム平方メートル	kg·m²
動粘度（動粘性係数），拡散係数，熱拡散率（温度伝導率）	平方メートル毎秒	m²/s
質量流量	キログラム毎秒	kg/s
体積流量	立方メートル毎秒	m³/s
質量速度	キログラム毎平方メートル毎秒	kg/(m²·s)
線膨張係数, 体積膨張係数	毎ケルビン	K^{-1}
電流密度	アンペア毎平方メートル	A/m²
磁界の強さ, 磁化	アンペア毎メートル	A/m
モル質量	キログラム毎モル	kg/mol
モル体積	立方メートル毎モル	m³/mol
モル濃度	モル毎立方メートル	mol/m³
質量モル濃度	モル毎キログラム	mol/kg
波数	毎メートル	m^{-1}

(3) (1)を用いて表される組立単位の例

量	名称	記号
粘度（粘性係数）	パスカル秒	Pa·s
力のモーメント, トルク	ニュートンメートル	N·m
表面張力	ニュートン毎メートル	N/m
熱流密度（熱流束），放射照度	ワット毎平方メートル	W/m²
熱容量，エントロピー	ジュール毎ケルビン	J/K
比熱, 比エントロピー（質量エントロピー），ガス定数	ジュール毎キログラム毎ケルビン	J/(kg·K)
比エネルギー（質量エネルギー），比潜熱（質量潜熱），比エンタルピー	ジュール毎キログラム	J/kg
熱伝導率	ワット毎メートル毎ケルビン	W/(m·K)
熱伝達係数(率), 熱通過率	ワット毎平方メートル毎ケルビン	W/(m²·K)
誘電率	ファラド毎メートル	F/m
透磁率	ヘンリー毎メートル	H/m
熱発生率	ワット毎立方メートル	W/m³
燃料消費率	キログラム毎ジュール	kg/J
熱抵抗	平方メートルケルビン毎ワット	m²·K/W

電界の強さ	ボルト毎メートル	V/m
抵抗率,比抵抗,固有抵抗	オームメートル	Ω·m
導電率	ジーメンス毎メートル	S/m
モル内部エネルギー	ジュール毎モル	J/mol
モル比熱,モルエントロピー	ジュール毎モル毎ケルビン	J/(mol·K)
応力拡大係数	パスカル平方根メートル	Pa·m$^{1/2}$
衝撃値	ジュール毎平方メートル	J/m^2
力積	ニュートン秒	N·s
減衰係数,インピーダンス	ニュートン秒毎メートル	N·s/m
動こわさ	ニュートン毎メートル	N/m
コンプライアンス	メートル毎ニュートン	m/N
モビリティ	メートル毎ニュートン毎秒	m/(N·s)
不釣合いの大きさ	キログラムメートル	kg·m

表 1.3 SI接頭語 (○印はよく使うもの)

倍　数	接頭語	記　号	倍　数	接頭語	記　号
10^{18}	エクサ	E	10^{-1}	デ　シ	d
10^{15}	ペ　タ	P	10^{-2}	センチ	c
10^{12}	テ　ラ	T	○ 10^{-3}	ミ　リ	m
○ 10^9	ギ　ガ	G	○ 10^{-6}	マイクロ	μ
○ 10^6	メ　ガ	M	○ 10^{-9}	ナ　ノ	n
○ 10^3	キ　ロ	k	10^{-12}	ピ　コ	p
10^2	ヘクト	h	10^{-15}	フェムト	f
10^1	デ　カ	da	10^{-18}	ア　ト	a

2

材　料

　機械工業の急速な発展に伴って機械材料の用途が高度化している．諸性質が向上した材料および必要な特性を持つ材料の開発が望まれ，たえまない研究と努力により，各種のすぐれた機械材料が多量に生産されるようになった．

2.1　機械材料の選択

　すべての機械や構造物は，多種多様な材料から製作される多くの部品で構成されている．また，機械の性能・精度・寿命は，その設計や機械工作法のほかに，使用材料にも大きく左右される．そのため機械を設計，製作する場合，使用材料の選択について，十分考慮しなければならない．
　材料の選択は，次の四つの基準から決められる．
（1）　負荷に耐える強さ
（2）　使用条件や環境に対する性質
（3）　加工性
（4）　経済性
1)　負荷に耐える強さ
　機械や構造物を設計するとき，作用荷重に対して変形や破壊がまったく起こらずにその機能が十分に果たせることが基本である．負荷による変形や破壊に対する材料の抵抗する力が強さ（strength）である．
　機械や構造物に加わる荷重の種類には静荷重，動荷重（繰返し荷重）および衝撃荷重があるが，強さを何で評価するかが問題となってくる．
　（1）　静荷重：静荷重には引張荷重，圧縮荷重，曲げ荷重，ねじり荷重などがあるが，強さの評価は一般に引張試験から判明する引張強さ，降伏強さが用いら

表 2.1 さまざまな材料の縦弾性係数 (E)

材料	縦弾性係数 E [GPa]	引張強さ σ_{max} [MPa]
軟鋼	206	392
ばね鋼	206	1470
Ni-Cr鋼	206	882
鋳鉄	98	196
黄銅	98	451
アルミ合金	73	550
塩化ビニル	4	49
ポリエステル	4	69
炭化ケイ素	410	140
CFRP	142	1560

表 2.2 硬さと引張強さとの関係

材料	実験式
炭素鋼	$H_V ≒ 0.3\sigma_{max}$ $H_B ≒ 0.29\sigma_{max}$

H_V はビッカース硬さ，H_B はブリネル硬さである．

れる．また，弾性領域においては応力とひずみの関係が $\sigma = E \cdot \varepsilon$ で表されるが，材料固有の値であるこの E（縦弾性係数）も強さを評価するときの対象になる．さらに，材料の硬さも強さと深い関係にある．一例として炭素鋼は銅より硬く，引張強さの値は大きく，縦弾性係数 E も大きな値を示す．種々の材料の縦弾性係数 E，硬さと引張強さの関係を表2.1および表2.2に示す．

(2) 動荷重（繰返し荷重）：材料にかかる応力（荷重）の大きさが周期的に変化する場合には，材料が比較的低い応力（荷重）で破壊することがある．この現象を疲れ（fatigue）という．すなわち，何時間（何回）その荷重に耐えられるかである．企業では自動車，航空機などを動荷重のもとで試験を行い，そこで得られる変形および破壊個所が設計の変更に結び付けられている．動荷重が作用するときの材料の強さ評価は疲れ試験から求められる．

疲れ試験とは，繰返し応力 S（曲げ，引張り，ねじりなど）を加えて破断するまでの繰返し数 N を求め，応力の値を変えて多数の試験片について行い，疲れ強さまたは時間疲れ強さを求めるものである．得られた試験結果が S-N 曲線である．疲れ強さは無限の繰返しに耐える応力の上限値をいい，鉄鋼材料では 10^7 回の繰返しに対して破断しない最大の応力で与えられる．時間疲れ強さは，ある寿命時間に相当する繰返し回数に耐えることができる応力である．この結果から，引張強さの値が大きく，硬く，さらに粘りがある材料は，疲れ強さも大きな値を示す傾向にある．

(3) 衝撃荷重：短時間に，急激に加わる荷重で材料の粘り強さを判断するものである．粘り強さのことを靱性（じんせい）という．粘り強さは，衝撃試験で求められる振子のエネルギー損失（E）およびエネルギー損失を切り込み部分の断面積で割った衝撃値で評価する．衝撃試験機を図2.1に示す．

M を振子の質量 [kg], l を軸の中心から振子の重心までの長さ [m], α を持上げ角度, β を振上げ角度とすると

$$E = Mgl(\cos \beta - \cos \alpha) \quad [\text{J}]$$

　g：重力加速度

　$\beta =$ 小, $E =$ 大であれば, 粘り強い材料

　$\beta =$ 大, $E =$ 小であれば, ぜい性材料

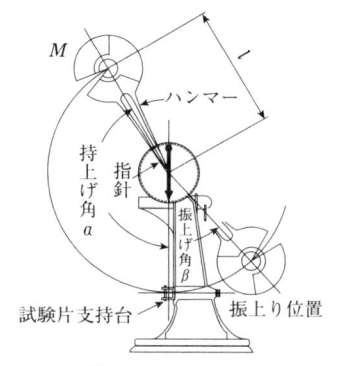

といえる.

図 2.1　衝撃試験機

2) 使用条件や環境に対する性質

機械材料は, 負荷に対する強さのほかに, 機械部品などが使用される条件や環境において十分に機能が発揮できるような特性を持つ必要がある.

(1) **耐摩耗性**：機械には運動の伝達部分が多く, 軸受部やしゅう動部のような機械部品どうしの摩擦部分には耐摩耗性が要求される. 摩耗および摩擦が大きくなれば振動, 騒音を起こすようになり, 材料の選択が重要になる. 機械材料として取り扱われている工具類では, 耐摩耗性が寿命, 精度を決定する重要な性質である.

(2) **耐熱性**：熱機関, 熱間加工機, 機械部材の切削工具, 熱間成形工具などは絶えず高温にさらされるので, これらの材料としては, 熱膨張係数, 熱伝導率などの熱的性質のほかに, 高温強度および耐高温腐食性などがすぐれていなければならない. 特に, 航空機においては軽量で, かつ耐熱性などが要求される. ジュラルミン, Ti 合金が使用されている.

(3) **耐食性, 耐酸化性**：化学プラント, 船舶, 石油精製装置, 原子炉は酸溶液, アルカリ溶液, 海水などにさらされるため耐食性, 耐酸化性が重要である. 耐食性に関しては金属材料は小さい. 電解質（電離する）が存在する環境中では, 金属は $M \rightarrow M^{n+} + ne^-$ に分解して化合物を作る性質がある. しかし, ステンレス鋼のように表面に不働態皮膜を作り, イオン化することを一時的にでも抑えようと多くの試みがなされている.

3) 加工性

機械材料は, 機械工作により所要の形状・寸法の機械・構造物の部品に加工されるので, その加工性が劣っていると, 他の性質がすぐれていてもその使用は制

約される．機械工作法は一般に鋳造，塑性加工，溶接，切削および研削に大別される．

(1) 鋳造：金属の可溶性を利用して鋳型に鋳込み，大型部品や複雑な形状の機械部品を作る工作法である．湯（溶解した金属）の流動性や収縮性が重要である．

(2) 塑性加工：塑性とは，材料が外力を受けることにより種々の形状に変形する性質である．塑性加工には鍛造，圧延，押出し，引抜き，転造，プレス成形などがある．高温では比較的小さな力で一度に大きな変形を与えることができる．一般に軟らかい金属は変形能がすぐれ，硬い金属は変形能が劣っているといえる．

(3) 溶接：金属材料の可溶性を利用して部分的に溶かし，接合して組み立てるための工作法である．現在では一部を除き，ほとんどの金属で溶接が可能となっている．

(4) 切削および研削：鋳造品，鍛造品，溶接品などの加工品は正確な形状・寸法に仕上げることができない．材料の切削性の良否，切削工具寿命の長短，切削抵抗の大小，仕上げ面の良否などを考える必要がある．

4) 経済性

製品のコストは材料（素材の価格が安い），加工法（複雑な加工を要するものは価格が高くなる），数量（数量が多ければ価格は安くなる），条件（厳しくなればなるほど価格は高くなる）の4項目で決まると考えられる．

機械材料の選択において四つの基準を十分に満足する材料はないのが現状であるが，機械材料には主として金属材料が用いられている．その理由としては，強度が一般に大きく，均質であること，所要の形状や寸法に工作しやすく，熱処理により性質が変えられることがあげられる．そのうち鉄鋼材料が主要な部分を占めている．しかし，化学工業の発展により，非金属材料であるプラスチックス，セラミックスなどの機械材料への進出が目立ってきている．

2.2 金属材料の結晶構造

金属は，金属特有の光沢を持ち，延性や展性に富み，熱または電気の良導体である．このような金属的特性を持つのは，金属が結晶からできていて，その結晶

を構成するすべての原子が規則正しく配列をなし，金属特有の結合方式である金属結合により結合しているからである．

a．純金属の結晶構造と変態
1) 純金属の結晶構造

金属をX線回折で調べると，原子はその金属特有の配列状態で立体的に規則正しく並んでいることがわかる．この原子の配列を結晶構造という．結晶構造の特徴を示す最小の単位空間を単位格子または単位胞（unit cell）という．また，単位格子の稜の長さを格子定数という．単位はÅ(10^{-8}cm)である．結晶構造には多くの種類があるが，有用な金属の単位格子は図2.2に示す3種類の基本型のうちのどれかに属している．

(1) 面心立方格子（face-centered cubic lattice：FCC）：単位胞において1辺の長さは等しく，角度は90°の正方形である．原子は立方体の八つの角と六つの面の中心に位置する．単位胞では14個の原子で釣合いをなしている．しかし，角にある原子と面の中心にある原子とは接している．このことから，格子定数をa，原子半径をrとすると，$r=(\sqrt{2}/4)a$なる関係にある．また，1辺aの立方体において半径rの原子が占める割合（充てん率）は約0.74である．このような関係にある代表的な金属としてはAu, Ag, Al, Cu, β-Co*, γ-Fe*などがあげられる．

(2) 体心立方格子（body-centered cubic lattice：BCC）：単位胞において1辺の長さは等しく，角度は90°の正方形である．原子は立方体の八つの角と体心に位置する．単位胞では9個の原子で釣合いをなしている．しかし，角にある原

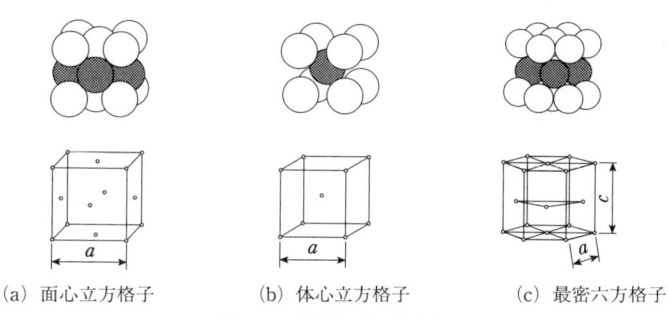

(a) 面心立方格子　　(b) 体心立方格子　　(c) 最密六方格子

図 2.2 結晶格子の基本型

子と体心にある原子は接した状態にある．このことから，a と r との関係は $r=(\sqrt{3}/4)a$ である．充てん率は約 0.68 である．代表的な金属としては α-Fe, Cr, W, δ-Fe* などがあげられる．

(3) 最密六方格子 (hexagonal close-packed lattice: HCP)：単位胞は 1 辺が a で高さが c の正六角柱（正三角柱が 6 個）である．原子は上下の正六角形の角と面の中心および一つおきの正三角柱の体心に位置する．したがって，単位胞では 17 個の原子で釣合いをなしている．しかし，正六角形にある原子と体心にある原子は接した状態にある．このことから，a と r との関係は $r=(1/2)a$ である．a と高さ c との関係は $c=\sqrt{8/3}\,a\fallingdotseq 1.633a$ である．充てん率は約 0.74 である．代表的な金属としては Be, Cd, Mg, Zn などがあげられる．

2) 金属の変態

上記＊印で示した Fe, Co などの金属は，結晶構造すなわち原子配列がある温度で完全に変わり，その性質が変化する．物質には温度により状態が変化して違った性質のものに変わることがあり，これを変態という．

一例として純鉄 (Fe) の変態について示す．

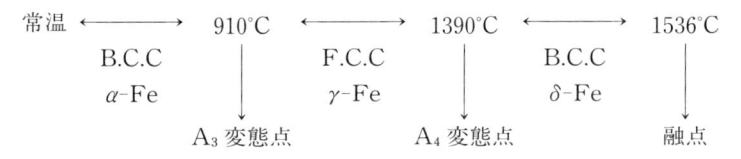

常温	⟷	910℃	⟷	1390℃	⟷	1536℃
B.C.C		F.C.C		B.C.C		
α-Fe		γ-Fe		δ-Fe		
		↓		↓		↓
		A_3 変態点		A_4 変態点		融点

このように同じ Fe でありながら温度により長さの変化が生じ，原子配列を変えることを同素変態という．

Fe, Co, Ni などの強磁性体を加熱すると，一定温度以上で磁性を失い常磁性体となる．この場合，結晶構造は変化しないので，このような変態を磁気変態という．Fe では 780℃ で起こり，A_2 変態という．

b. 合金の結晶構造

合金とはある金属元素に他の金属元素，あるいは非金属元素を融合させたものである．溶融状態では多くの場合，成分元素は溶け合って均一な状態となっている．しかし，凝固後の固体状態の合金に現れる相は，単体金属，固溶体および金属間化合物の 3 種類である．ここで相とは温度，濃度，圧力を加味した物質の集合状態をいう．金属の場合，圧力は考えない．

1) 固溶体

固体状態の金属中に他の金属，または非金属の元素が溶け込んで均一な固体となったものである．原子配列はなされている．溶け込み方に2通りある．その一つは，溶質原子が溶媒金属の結晶格子点の溶媒原子と置き換わる場合で，これを置換型固溶体といい，大部分の金属間の固溶体は置換型である．他の一つは，溶質原子が溶媒金属の結晶格子のすき間に入り込んで新しい原子の釣合いをなす場合で，これを侵入型固溶体という．C, N, O, Hのような特別小さな原子を固溶する場合に現れる．最もよく知られているのはα鉄およびγ鉄中にC原子が侵入型で溶け込んだ固溶体で，それぞれ，フェライトおよびオーステナイトと呼び，鋼の重要な組織である．

2) 金属間化合物

金属間化合物とは，合金成分が簡単な原子量の整数比で化学的に結合したものをいい，金属どうしでできた化合物も，金属と非金属の間でできた化合物もあわせて金属間化合物と呼んでいる．金属間化合物は，結晶構造が一般に単体金属よりも複雑であるため塑性変形はほとんど起こらず，硬くてもろい．金属間化合物はFe-C系におけるFe_3C（セメンタイト）が代表的であり，熱処理においても重要な役割を果たしている．

2.3 炭 素 鋼

構造用として多く使われている材料で，0.02～2.14%のCを含有するFe-C合金で，製造するとき混入するSi, Mn, P, Sなどの不純物を微量含んでいる．炭素鋼はC量によって機械的性質が異なるので，C量によって低炭素鋼（0.25%C以下），中炭素鋼（0.25～0.6%C）および高炭素鋼（0.6%C以上）に大別されている．鋼はC量が多くなると硬くなるので，極軟鋼（0.1%以下），軟鋼（0.1～0.3%），半硬鋼（0.3～0.5%），硬鋼（0.5～0.8%），最硬鋼（0.8%以上）に分けられることがある．

a. 炭素鋼の状態図

純鉄にはα鉄，γ鉄，δ鉄の同素体があったが，鋼においてはα鉄，γ鉄，δ鉄のいずれも固体の状態でCを固溶し，それぞれα, γ, δ固溶体を作る．これら

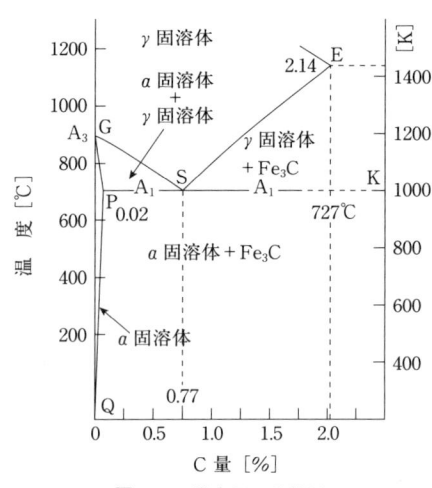

図 2.3 炭素鋼の状態図

の固溶体は，いずれも Fe の結晶格子の中に C の原子が入り込んだ侵入型固溶体である．このうち δ 固溶体は δ 鉄中に少量の C（最大 0.09%）が溶け込んだ固溶体で，1392℃以上の高温においてのみ存在する．γ 固溶体は γ 鉄に比較的多くの C が溶け込んだ固溶体（最大 2.14%）でオーステナイトと呼ばれ，常磁性体で靱性に富んでいる．α 固溶体は α 鉄にごく少量の C（A_1 変態点で約 0.02%）が溶け込んだもので，フェライトと呼ばれ，強磁性体で軟らかく，延性に富んでいる．C が固溶限度以上溶け込むと，鉄と炭素との化合物（金属間化合物）Fe_3C を作る．セメンタイトと呼ばれ非常に硬く，もろい．Fe-C 系状態図の重要な部分を図 2.3 に示す．

b. 炭素鋼の変態および標準組織
1) 炭素鋼の変態

炭素鋼には，純鉄に現れた A_4, A_3, A_2 変態のほかに，A_1 変態が存在する．A_1 変態は鋼に特有のもので，図 2.3 の PSK 線で示される一定温度 727℃で起こる反応で，共析反応と呼ばれる．特に，C 量が 0.77% である点 S のところをオーステナイトの状態から徐冷すると 727℃でフェライトとセメンタイトとの共析晶であるパーライトを析出する．パーライトはすじ状の組織を示す．共析晶の組成を有する鋼を共析鋼，これ以下の C 量のものを亜共析鋼，これ以上の C 量のも

のを過共析鋼という．

2) 炭素鋼の標準組織

標準組織とは，均一なオーステナイトの状態から炉中冷却するように徐冷して得られる常温組織である．亜共析鋼の標準組織は初フェライト（白）と共析晶のパーライト（黒）からなっており，C量が増えるに従ってフェライトの量が減少

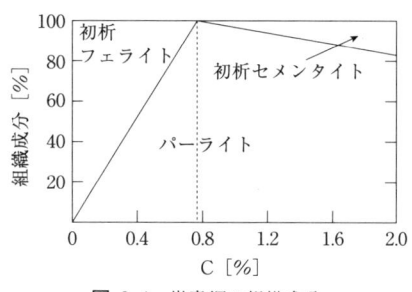

図 2.4 炭素鋼の組織成分

し，パーライトの量が増加する．過共析鋼の標準組織は網目状の初セメンタイト（白）とパーライト（黒）からなっている．また，0.77%Cの共析鋼の標準組織は全部が共析晶のパーライトからなっている．標準組織においては，図2.4に示すようにCの含有量が0.77%まではフェライトの量とパーライトの量が比例関係にあることから，顕微鏡組織観察により炭素鋼の引張強さ（σ_{max}）およびC量を推定する非常に便利な実験式がある．

$$F+P=100\%, \quad F：フェライト，P：パーライト$$
$$\sigma_{max}=(35F+88P)/100 \quad [9.8\,\text{MPa}]$$
$$F/P=(0.86-C)/C \quad [\%]$$

c．炭素鋼の熱処理

鋳造品や鍛造品では粗大組織が生じやすいので，微細化して材質を改善する必要がある．また，冷間加工により加工硬化した材料は，機械加工するとき軟化させる．機械加工，溶接などで生じた残留応力は変形や割れの原因となるので，これを除去しておく必要がある．さらに，購入する素材は一般に軟らかくて粘りがある．これを工作して製品としたときには強さや硬さが不足している場合が多く，これを強化する必要がある．鋼の熱処理はこのような場合に適用する作業で，焼なまし，焼ならし，焼入れ，焼戻しに分けられる．

（1）焼なまし：冷間加工により硬化した鋼を軟化させるため，残留応力を除去するため，結晶粒を調整するために，オーステナイト領域の温度まで加熱し炉内で徐冷する．

（2）焼ならし：オーステナイト領域まで加熱後空気中で冷却する．冷却速度

が大きいため微細な結晶粒が得られ，パーライト組織も微細化できる．

　(3)　焼入れ：オーステナイト領域の温度より水または油中で急冷すると，炭素を過剰に固溶した体心立方構造のマルテンサイトと呼ぶ非常に硬い針状の組織が得られ，鋼の強さおよび硬さは上昇し，延性は低下する．なお，この熱処理は炭素の含有量が 0.3% 以上の鋼に対して行われる．

　(4)　焼戻し：焼入れ後加熱し，適当な時間保持したのち冷却すると，マルテンサイトはフェライト中にセメンタイトの微粒が分散した組織に変化し，強さ，硬さは低下するものの，延性，靱性が増加する．

2.4　合　金　鋼

　合金鋼は，炭素鋼に数種の合金元素を添加してその性質を改善し，種々の目的に適合するようにした鋼である．主要な合金元素としては Ni, Cr, Si, Mn, Mo, W, V, Co などがあり，その役割には2通りある．その一つは鋼の焼入れ性を向上させることであり，他の一つは鋼の耐熱性，耐食性などに特殊性能を与えることである．合金鋼として，高張力鋼，快削鋼，軸受鋼，工具鋼，ステンレス鋼などがあげられる．

3
材 料 力 学

　機械や構造物の各部分は，動力伝達や重力のために種々の外力を受ける．また，運動している部分にはさらに慣性力が働き，温度変化のある部分には膨張収縮による力が作用する．したがって，この各部分が，外力に対して壊れないだけの強さ（strength）と，過度の変形を防ぐだけの剛性（rigidity）を持っていなければ，機械や構造物はその機能を果たさなくなる．

　また，強さと変形に心配がなくても，重すぎたり，一部分だけが強すぎるのも，不経済であるばかりでなく，航空機，車両，船舶などでは，重量の過大は直接に機能の低下をもたらす．したがって，機械や構造物を設計するには，予想される外力に対して，あらかじめ各部の強さと変形を正確に知らなければならない．このためには，材料力学の知識が必要不可欠である．

　通常，材料力学といわれている学問分野には，高度な数学的手法を用いて，厳密な理論により研究する弾性学（elasticity）や塑性学（plasticity）をも含めるが，本章の範囲の材料力学は，機械や構造物の各部を単純な形状に置き換えて，簡単な仮定を用いて，各部材の強さや変形を定量的に求めようとするものである．なお，単純な形状とは，ふつう，棒（bar），板（plate），殻（shell）などを指すが，本章では，このうち主に棒状の物体を対象とし，初等的に取り扱える範囲にとどめておく．

3.1 応力とひずみ

a．応　　力

　図3.1に示すように，棒に外力（荷重）（external force, load）P が加えられると，棒は少し伸びて，この荷重に抵抗するために内力を発生する．すなわち，

図 3.1　垂直応力

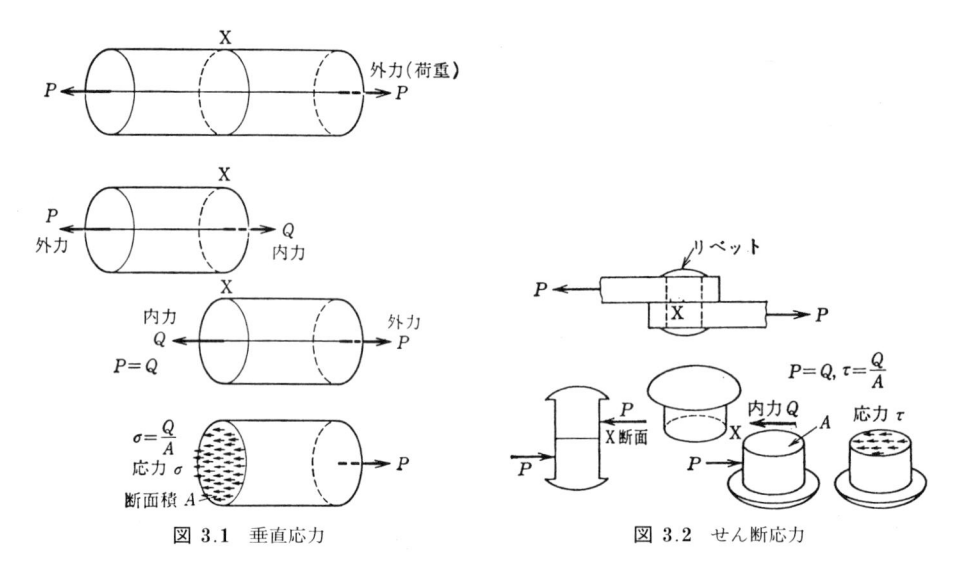

図 3.2　せん断応力

棒の任意の仮想断面 X で棒を二分し，片側の部分の釣合いを考えると，断面 X ではこの荷重 P と釣り合う内力（internal force）Q が発生する．内力 Q は断面全体に作用する力であるから，内力の単位面積あたりの大きさ σ は，内力 Q を断面積 A で割って

$$\sigma = \frac{Q}{A} = \frac{P}{A} \tag{3.1}$$

となる．この σ を応力度（stress intensity），または単に応力（stress）という．応力の単位は，パスカル [Pa]（$=N/m^2$）またはメガパスカル [MPa]（$=N/mm^2$）を用いる場合が多い．この応力は断面に垂直に作用しているので，垂直応力あるいは直角応力（normal stress）という．棒が引張荷重を受けるとき，これを引張応力（tensile stress）といい，圧縮荷重のときには圧縮応力（compressive stress）という．ふつう，引張りの場合を正，圧縮の場合を負とする．

次に，リベットで接合された 2 枚の板を力 P で左右に引張るとき（図3.2），リベットには，これに抵抗するため内力が発生する．すなわち，リベットの断面 X には，荷重 P に釣り合う内力 Q が生じ，この内力 Q は断面 X に平行に作用する．このような内力をせん断力（shearing force）という．内力 Q は断面全体に作用する力であるから，内力の単位面積あたりの大きさ τ は，断面 X の面積

をAとすると，

$$\tau = \frac{Q}{A} = \frac{P}{A} \tag{3.2}$$

となる．この応力はせん断応力（shearing stress）といわれ，面に沿って作用する．この応力の単位は，やはりPaまたはMPaである．

b. ひ ず み

物体に外力が作用すると，物体は変形する．図3.3に示すように，長さl_0，直径d_0の丸棒（あるいは横幅d_0の角棒）を引張った場合，棒は荷重方向にΔlだけ伸びて長さがlになり，直角方向には荷重は作用しないが，幅d_0がΔdだけ縮んでdとなる．実際には，$\Delta l, \Delta d$は小さな値である．図3.3には誇張して示してある．もとの長さに対して伸びた（あるいは縮んだ）長さの割合を考えると，荷重方向には，

$$\varepsilon = \frac{l - l_0}{l_0} = \frac{\Delta l}{l_0} \tag{3.3}$$

荷重に垂直な方向には，

$$\varepsilon' = \frac{d - d_0}{d_0} = -\frac{\Delta d}{d_0} \tag{3.4}$$

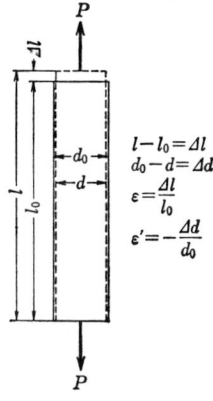

図 3.3 縦ひずみと横ひずみ

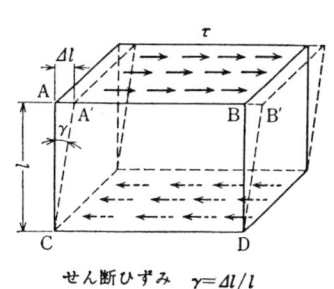

図 3.4 せん断ひずみ

となる．式 (3.3) で表される ε を縦ひずみ (longitudinal strain)，式 (3.4) で表される ε' を横ひずみ (lateral strain) という．縦ひずみと横ひずみとは符号が異なる．横ひずみと縦ひずみの比 ν をポアソン比 (Poisson's ratio)，その逆数 m をポアソン数 (Poisson's number) といい，材料によって一定の値をとる．

$$\nu = \frac{1}{m} = -\frac{\varepsilon'}{\varepsilon} \tag{3.5}$$

次に，物体がせん断力を受ける場合の変形を考える．図 3.4 に示すように，せん断力を受ける物体中に，2面がせん断力の方向と平行になるような小さな直方体を考える．物体はせん断応力の作用によってずれを生じ，直方体は平行六面体となる．したがって，はじめ直角であった $\angle ACD$ は $\gamma = \angle ACA'$ だけ変化する．この γ をせん断ひずみ (shearing strain) という．せん断ひずみ γ は，図 3.4 より

$$\gamma \fallingdotseq \tan \gamma = \frac{\varDelta l}{l} \tag{3.6}$$

となる．せん断ひずみは，平行な2平面間に生じる相対すべり長さ $\varDelta l$ を距離 l で割ったもので，相対すべりの割合（単位長さあたりのすべり）を表している．物体の変形は，一般に伸びとすべりとからなっている．なお，せん断ひずみは接線ひずみ (tangential strain) ともいう．せん断ひずみに対して，ε を垂直ひずみ (normal strain)，線ひずみ (linear strain) ともいう．

縦ひずみの定義と類似して，体積 V_0 の物体が変形して体積 V になったとき，

$$\varepsilon_v = \frac{V - V_0}{V_0} \tag{3.7}$$

を体積ひずみ (volumetric strain, bulk strain) または体積膨張率 (cubic dilatation) という．いま各稜の長さが a, b, c の直方体を考え（図 3.5），これが変形して，各稜の垂直ひずみが $\varepsilon_x, \varepsilon_y, \varepsilon_z$ になったとすると，体積ひずみ ε_v は式 (3.7) より，

$$\varepsilon_v = \frac{\{a(1+\varepsilon_x)b(1+\varepsilon_y)c(1+\varepsilon_z) - abc\}}{abc}$$

$\varepsilon_v = \dfrac{V - V_0}{V_0}$

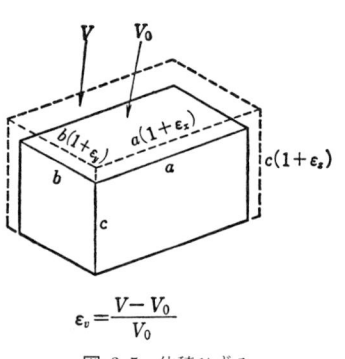

図 3.5 体積ひずみ

ひずみ $\varepsilon_x, \varepsilon_y, \varepsilon_z$ は，一般に1に比べて十分小さい（通常 1/1000 以下）ので，その2乗以上の項を無視すると，

$$\varepsilon_v = \varepsilon_x + \varepsilon_y + \varepsilon_z \tag{3.8}$$

となる．すなわち，体積ひずみは3方向の垂直ひずみの和となる．ひずみは，一般に無次元で表示される．

c. フックの法則

前項で述べたように，物体に外力が作用すると変形するが，外力が小さい間は，外力（応力）と変形（ひずみ）とは比例する．この関係をフックの法則（Hooke's law），または弾性法則，正比例の法則という．

垂直応力の場合には，比例定数を E として，

$$\sigma = E\varepsilon \tag{3.9}$$

この式の比例定数 E を縦弾性係数（modulus of elasticity, elastic modulus），あるいはヤング率（Young's modulus）[*1] という．多くの材料では，E は引張りでも圧縮でもほぼ等しい値を示す．

せん断応力の場合には，比例定数を G として，

$$\tau = G\gamma \tag{3.10}$$

この G をせん断弾性係数（shearing modulus），横弾性係数（modulus of transverse elasticity），または剛性率（modulus of rigidity）という．

物体の全表面に垂直に作用する一様な応力 σ（たとえば静水圧）（図 3.6）と，それによって生じる体積ひずみ ε_v との間にも比例関係が成り立ち，比例定数を K とすると，

$$\sigma = K\varepsilon_v \tag{3.11}$$

この K を体積弾性係数（modulus of volumetric elasticity, bulk modulus）という．

なお，長さ l_0，断面積 A_0 の棒が軸方向の引張りまたは圧縮荷重 P を受けるとき，棒

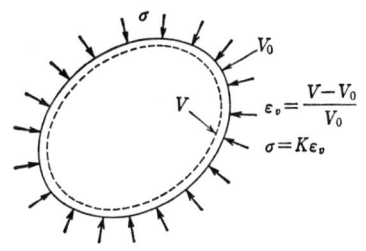

図 3.6 体積弾性係数

[*1] E を実際にはじめて測定したのがヤング（Thomas Young）であるため，この名で呼ばれている．

に生じる伸びまたは縮み λ は，式 (3.1)，(3.3)，(3.9) を用いて，

$$\lambda = \varepsilon l_0 = \frac{\sigma}{E} l_0 = \frac{P}{A_0} \frac{l_0}{E} = \frac{P l_0}{A_0 E} \tag{3.12}$$

となる．

ひずみはすべて無次元であるから，E, G, K は応力と同じ単位（通常 GPa）を持つ．

3.2 引張りと圧縮

a．棒の引張りと圧縮

図 3.7 に示すように，棒の断面積 A が軸方向に変化する場合（図 (a)）や，棒の断面に作用する力 P が断面の位置によって変わる場合（図 (b)）も，応力は一断面上では均一と考えると[*2)]，式 (3.1) と同様に，

$$\sigma(x) = \frac{P(x)}{A(x)} \tag{3.13}$$

となる．ひずみ ε は，フックの法則，式 (3.9) より，

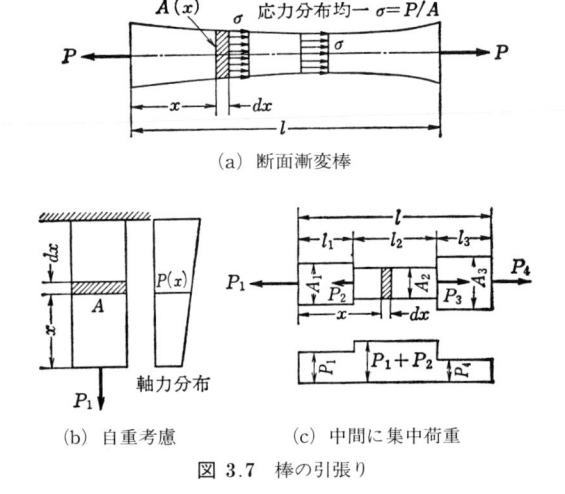

(a) 断面漸変棒

(b) 自重考慮   (c) 中間に集中荷重

図 3.7 棒の引張り

[*2)] 断面積や軸力が急変するところでは，局所的に応力分布は均一ではなくなるが，ここではそれを考えない．

$$\varepsilon(x) = \frac{\sigma(x)}{E}$$
$$= \frac{P(x)}{A(x)E} \tag{3.14}$$

したがって，任意の断面 x における棒の微小長さ dx に生じる微小伸び $d\lambda$ は

$$d\lambda = \varepsilon dx = \frac{P}{AE} dx \tag{3.15}$$

となり，棒の全長の伸び λ は，

$$\lambda = \int_0^l d\lambda = \int_0^l \varepsilon dx = \int_0^l \frac{P}{AE} dx \tag{3.16}$$

から求められる．図 3.7(c) のように軸力が不連続のときは，各区間ごとに求めて和をとる．

$$\lambda = \int_0^{l_1} \frac{P_1}{A_1 E} dx + \int_{l_1}^{l_1+l_2} \frac{P_1+P_2}{A_2 E} dx + \int_{l_1+l_2}^{l} \frac{P_4}{A_3 E} dx \tag{3.17}$$

b. 熱応力

物体が温度変化を受けると熱変形を生じるが，この変形が何らかの方法で拘束されると，物体内に応力を生じる．これを熱応力 (thermal stress) という．たとえば図 3.8 に示すように，温度 t_1 において長さ l，断面積 A の一様な真直棒の両端を固定し，棒部分のみ t_1 から t_2 まで温度を変化させる．棒部分は，熱せられると膨張して長さが伸びる．温度 t_1 のとき長さが l であった棒を t_2 まで熱すると，線膨張係数を α として，

$$\Delta l = l\alpha(t_2 - t_1) = l\alpha \Delta t, \quad \Delta t = t_2 - t_1 \tag{3.18}$$

だけ伸びる．棒が自由に伸びるときには応力は生じないが，棒の伸びが拘束されていると熱応力が生じる．いま，熱膨張によって Δl だけ伸びた棒の両端に荷重 P を加え，棒の長さがもとの長さになるように P の大きさを定める．すなわち

$$\Delta l + \frac{Pl}{AE} = 0 \tag{3.19}$$

P は，式 (3.18) を式 (3.19) に代入して，

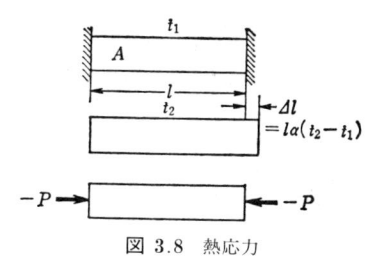

図 3.8 熱応力

$$P = -AE\alpha(t_2 - t_1) = -AE\alpha\Delta t \tag{3.20}$$

$t_2 > t_1$ のとき，P は負となるので，圧縮力となる．この荷重による応力が熱応力になるので，熱応力 σ_t は，

$$\sigma_t = \frac{P}{A} = -E\alpha(t_2 - t_1) = -E\alpha\Delta t \tag{3.21}$$

となる．$t_2 > t_1$ のとき，σ_t は圧縮となる．

3.3 は　　り

a. は　　り

図 3.9 に示すように，支えられた棒が，その軸線に垂直な荷重（横荷重という）またはモーメント荷重によって曲げ作用を受けるとき，この棒をはり (beam) という．はりの軸線すなわち各横断面の図心 (center of figure, centroid) を結ぶ線が，直線であるはりを真直はり (straight beam)，曲線であるものを曲がりはり (curved beam) という．本節では真直はりを取り扱い，荷重および支点 (support) の反力が同一平面内にある場合を考える．

はりの支点にはいろいろなものがあるが，大別すると，図 3.10 に示すように 2 種類になる．同図 (a) は回転支持または単純支持 (simple support) といい，支点において，はりの上下方向の動きを拘束するが，回転は自由である．したがって，反力は上下方向の力 R だけである．同図 (b) は固定支持 (fixed sup-

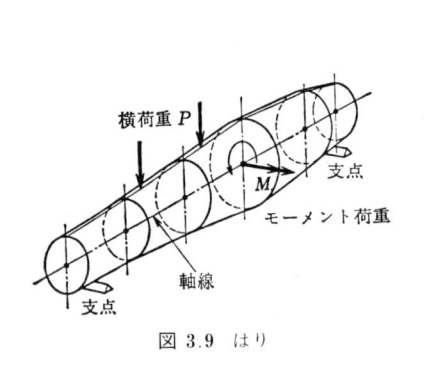

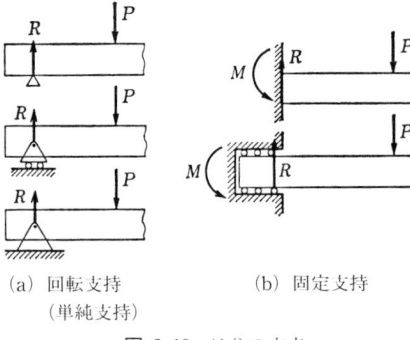

図 3.9 はり

図 3.10 はりの支点
(a) 回転支持（単純支持）
(b) 固定支持

port, clamping support）といい，支点において，はりの上下方向の動きと回転を拘束する．したがって，反力は上下方向の力 R とモーメント M とになる．

はりに作用する荷重には，図3.11に示すように横荷重とモーメント荷重とがある．横荷重のうち，はりの全長またはその一部分に分布して作用するものを分布荷重（distributed load）といい，はりの単位長さあたりの値で表す．これに対し，はりのごく狭い部分に分布して作用する荷重は，便宜上，その合力が1点に集中して働くものとして取り扱う．これを集中荷重（concentrated load）という．

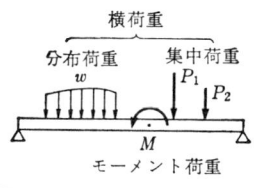

図 3.11 はりに作用する荷重

b. はりの種類

1) 静定はり（statically determinate beam）

図3.12に示すようなはりで，反力の数はいずれも2個であるから，釣合い条件（上下方向の力の釣合い式と，任意点まわりのモーメントの釣合い式）だけで反力が定まる．たとえば同図（b）の場合，上下方向の力の釣合いより，

$$R_1 + R_2 - P = 0 \tag{3.22}$$

点 A[*3] まわりのモーメントの釣合いより，

$$R_2 l - l_1 P = 0 \tag{3.23}$$

式（3.22），（3.23）より

$$R_1 = \frac{l_2}{l} P, \qquad R_2 = \frac{l_1}{l} = P \tag{3.24}$$

2) 不静定はり（statically indeterminate beam）

図3.13に示すようなはりで，いずれも支点反力が3個以上あり，2個の釣合い条件だけでは反力を定めることができず，反力を定めるには，はりの変形も考慮しなければならない．なお，はりの静定，不静定は支点反力の数にのみ関係し，荷重の種類，数には無関係である．

[*3] はりの中のどの点のまわりでもよい．都合のよい点をとればよい．

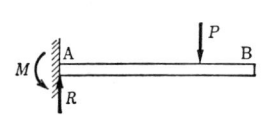

(a) 片持はり (cantilever beam)

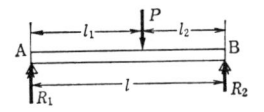

(b) 両端支持はり (単純はり)
(both end supported beam, simple beam)

図 3.12 静定はり

(a) 固定はり (fixed beam)

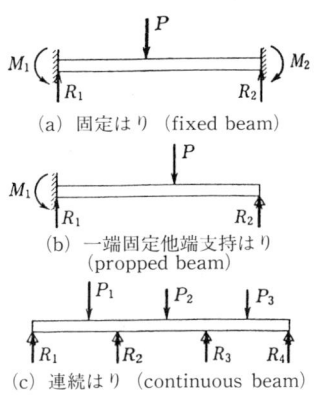

(b) 一端固定他端支持はり (propped beam)

(c) 連続はり (continuous beam)

図 3.13 不静定はり

c. はりのせん断力と曲げモーメント

　はりが軸線に垂直な荷重（横荷重），または任意の点のまわりにモーメント荷重を受けると，はりは曲がり，それに対応する応力を生じる．はりの任意断面（軸線に垂直な断面）におけるこの応力（曲げ応力とせん断応力）の合力 F と合モーメント M は，引張りの場合と同様に，はりをこの断面で切断し，この断面のどちらか一方の部分の釣合いを考えることによって得られる．

　図 3.14 に示すような，横荷重とモーメント荷重を受ける両端支持はりの任意断面 C の左部分 AC の釣合いを考える（同図 (b)）．この AC 部分に作用する力は，支持反力 R_1，集中力 P_1, P_2，モーメント M_1，分布荷重 w，および x 断面の応力の合力 F と合モーメント M である．まず，上下方向の力の釣合いから，

$$R_1 - P_1 - P_2 - \int_0^x w(\xi)d\xi = F \quad (3.25)$$

また，点 C（断面 C）まわりのモーメントの釣合いから，

$$R_1 x - P_1(x - l_1) - P_2(x - l_2) \\ - \int_0^x (x-\xi)w(\xi)d\xi + M_1 = M \quad (3.26)$$

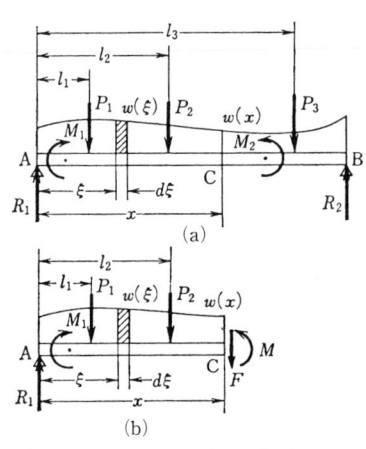

図 3.14 はりのせん断力と曲げモーメント

を得る．

　F は断面に沿う方向に作用し，これをはりのせん断力という．ある断面のせん断力 F は，式 (3.25) からわかるように，その断面の左側（または右側）の部分に作用するすべての外力の代数和である．また，M ははりの曲げモーメント（bending moment）といい，式 (3.26) からわかるように，その断面の左側（または右側）の部分に作用するすべての外力の，その断面に関するモーメントの代数和である．F や M の符号は図 3.14 に示す方向を正とするが，これをわかりやすく示せば，図 3.15 のように，せん断力 F は左側を押し上げるものを正，曲げモーメント M は上側を圧縮にするものを正とすることになる．

　式 (3.25)，(3.26) から

$$\frac{dF}{dx} = -w(x), \qquad \frac{dM}{dx} = F \qquad (3.27)$$

また

$$\frac{d^2M}{dx^2} = \frac{dF}{dx} = -w(x) \qquad (3.28)$$

なる関係が得られる．したがって，$F=0$ となる位置で M が極値をとることがわかる．通常，w は正，すなわち下向きに作用するので，式 (3.28) より $d^2M/dx^2<0$ となるから，曲げモーメント M はこの位置で極大となる．ただし，この極大値がはりの全長における曲げモーメントの最大値（絶対値の最大値）となるかどうかは，その符号および両端や中間支点における値と比較して，判断しなければならない．なお，集中荷重の場合にも，集中荷重はごく狭い範囲に分布して作用する荷重の便宜的な取扱いであると考えれば，本質的には上の分布荷重の場合と同じである．すなわち，$F=0$ となる位置が，集中荷重の場合には F の正負の符号が変わる位置となるだけである．

1) 両端支持はり

　(1) 集中荷重を受ける場合（図 3.16）：スパン（支点間距離）l の両端支持はり AB が，点 C で集中荷重 P を受ける場合を考える．はりの問題を解くには，まずはじめに，釣合い式より支点の反力を

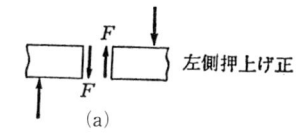

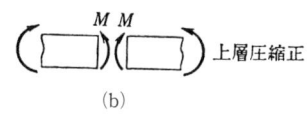

図 3.15　せん断力と曲げモーメントの向き

求める．すなわち，上下方向の力の釣合いより，
$$R_A + R_B - P = 0 \qquad (3.29)$$
また，任意の点（たとえば点B）のまわりのモーメントの釣合いより，
$$R_A l - Pb = 0 \qquad (3.30)$$
式 (3.29)，(3.30) より，
$$R_A = \frac{b}{l}P, \qquad R_B = \frac{a}{l}P \qquad (3.31)$$

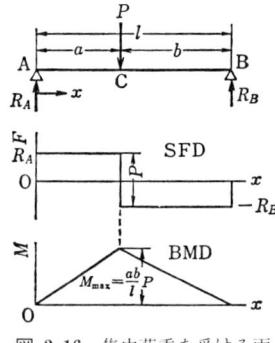

図 3.16 集中荷重を受ける両端支持はり

したがって，せん断力 F と曲げモーメント M は，式 (3.25)，(3.26) より次のようになる．

$$\text{AC}: 0 \leq x \leq a \quad \left. \begin{aligned} F &= R_A = \frac{b}{l}P \\ M &= R_A x = \frac{b}{l}Px \end{aligned} \right\} \qquad (3.32)$$

$$\text{CB}: a \leq x \leq l \quad \left. \begin{aligned} F &= R_A - P = -\frac{a}{l}P \\ M &= R_A x - P(x-a) = Pa\left(1 - \frac{x}{l}\right) \end{aligned} \right\} \qquad (3.33)$$

x 軸を横軸にとり，これらを描いた図を，それぞれ，はりのせん断力線図 (shearing force diagram : SFD) および曲げモーメント線図 (bending moment diagram : BMD) という．式 (3.32)，(3.33) を図 3.16 に示す．点 C において，F は正負の符号が変わって不連続になり，M は最大値 $M_{\max} = abP/L$ をとる．特別の場合として，荷重がスパンの中央に作用するときは，$a = b = l/2$ となるから，$M_{\max} = Pl/4$ で，BMD は二等辺三角形となる．

　(2) 等分布荷重を受ける場合（図 3.17）：等分布荷重を単位長さあたり w とすると，左右支点の反力 R_A, R_B は，釣合い式

$$R_A + R_B - wl = 0, \qquad R_A l - \frac{wl^2}{2} = 0 \quad (\text{点 B まわり})^{*4)} \qquad (3.34)$$

---

*4) 等分布荷重の場合は，モーメントを計算する際，積分せずに，全荷重 wl がスパン AB の中央に作用すると考えて，$wl \times l/2$ としてもよい．

から，
$$R_A = R_B = \frac{wl}{2} \tag{3.35}$$

となる．したがって，任意の x 断面におけるせん断力 F と曲げモーメント M は，
$$\left. \begin{array}{l} F = R_A - \displaystyle\int_0^x w\,d\xi = \dfrac{wl}{2} - wx = \dfrac{w}{2}(l - 2x) \\ M = R_A x - \displaystyle\int_0^x w(x-\xi)\,d\xi = \dfrac{wl}{2}x - \dfrac{wx^2}{2} = \dfrac{wx}{2}(l - x) \end{array} \right\} \tag{3.36}$$

式（3.36）を図示すると図 3.17 のようになり，スパンの中央 $x = l/2$ において
$$F = 0, \qquad M_{\max} = \frac{wl^2}{8} \tag{3.37}$$

となる．

2) 片持はり

1個の集中荷重を受ける場合（図3.18）：支点反力 R_A, M_A は，釣合い条件式
$$R_A - P = 0, \qquad M_A - Pa = 0 \tag{3.38}$$
より，
$$P_A = P, \qquad M_A = Pa \tag{3.39}$$

x 断面におけるせん断力 F と曲げモーメント M は

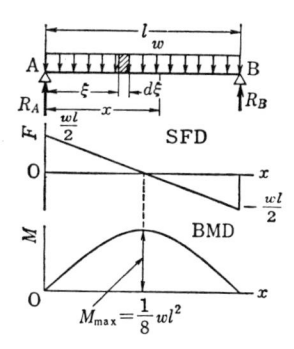

図 3.17 等分布荷重を受ける両端支持はり

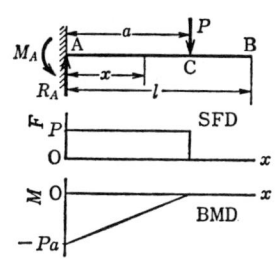

図 3.18 集中荷重を受ける片持はり

$$\begin{aligned}
\text{AC}: 0 \leq x \leq a \quad & F = R_A = P \\
& M = -M_A + R_A x = -P(a-x) \\
\text{BC}: a \leq x \leq l \quad & F = R_A - P = 0 \\
& M = -M_A + R_A x - P(x-a) \\
& \quad = -Pa + Px - P(x-a) = 0
\end{aligned} \quad (3.40)$$

図3.18にSFD, BMDを示す．

d．はりの曲げ応力

前項で求めた任意断面のせん断力 F と曲げモーメント M は，その断面に生じる応力と釣り合わなければならない．すなわち，はりの断面に生じる応力 p は，図3.19に示すように，一般に，断面に沿うせん断応力 τ と断面に垂直な曲げ応力（bending stress）σ とに分けられ，せん断力 F はせん断応力 τ の総和に等しく，曲げモーメント M は曲げ応力 σ のなすモーメントの総和に等しくなければならない．

図3.20に示すような荷重を受ける場合には，これらのはりの支点間のせん断応力は0で，曲げモーメントのみを受ける．このように，一様な曲げモーメントのみを受けてせん断力を受けない状態を純曲げ（pure bending）といい，発生する応力は曲げ応力のみで，後で述べるようにはりの軸線は円弧状に曲がる．

さて，曲げ応力の解析には，ふつう次の仮定をおく．

(1) はりの横断面は，はりが曲がった後も平面を保ち，曲がった後の軸線に垂直である（オイラー-ベルヌーイの仮定という）（図3.21）．

(2) はりには横方向の垂直応力はなく，軸線方向の応力のみが存在する．

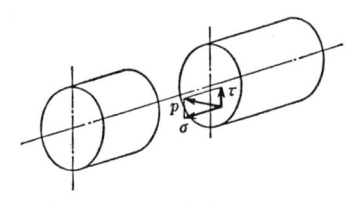

図 3.19 はりの断面に生じる応力

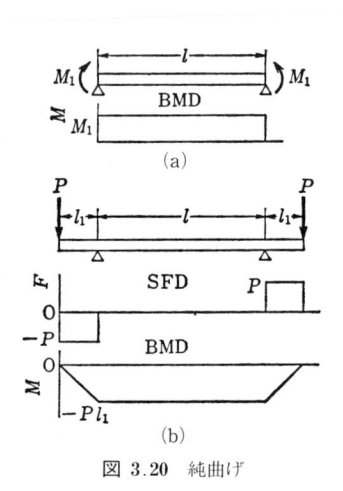

図 3.20 純曲げ

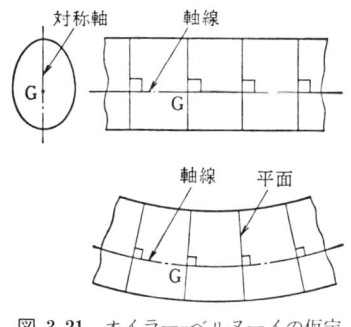

図 3.21 オイラー‒ベルヌーイの仮定　　図 3.22 対称面

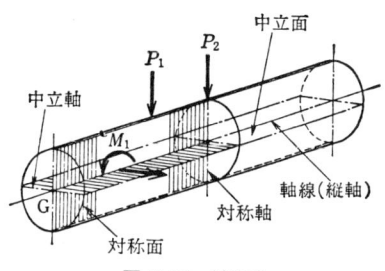

(3) 材料はフックの法則に従い，引張りおよび圧縮に対する縦弾性係数 E の値は等しい．

(4) はりの横断面は，縦軸方向に一様で，かつ対称軸を有する．そして，荷重はこの対称面に沿って作用し，はりの曲がりもその対称面内に生じる（「対称曲げ」という）（図 3.22）．

いま，図 3.23 に示すように，紙面を曲がりの生じる面（対称面）とし，はりの任意の位置に長さ dx の微小部分をとる．この dx 部分の左右の横断面 AB，CD は，曲がる前は互いに平行であるが，はりが曲げモーメント M を受けて曲がると，仮定 (1) により，それらは平面のまま傾き，A′B′, C′D′ となり，その延長は点 O で交わる．これに伴い，微小長さ dx の部分は曲がって円弧状になるので，曲がりの凸側の部分は伸び，凹側の部分は縮む．したがって，その中間に，$\overline{\text{LN}}$ のように伸縮しない層が存在するはずである．この層を中立面（neutral surface）といい，中立面と横断面との交線 NN を中立軸（neutral axis）という．はりが曲がった後に縦軸（longitudinal principal axis）のなす曲線をたわみ曲線（deflection curve, elastic curve）といい，はりの変形は，このたわみ曲線によって代表させるのがふつうである．点 O は，dx 部分のたわみ曲線 $\overset{\frown}{\text{L′N′}}$ の曲率中心（center of curvature）となり，点 O からたわみ曲線に至る半径 ρ が，この部分の曲率半径（radius of curvature）となる．

さて，中立面上の $\overline{\text{LN}}$ は，曲がった後，円弧 $\overset{\frown}{\text{L′N′}}$ となるが，その長さは変化しないので，LN $= \overset{\frown}{\text{L′N′}} = dx$ であるが，$\overline{\text{LN}}$ より η の距離にある $\overline{\text{PQ}} = dx$ は，変形後伸びて円弧 $\overset{\frown}{\text{P′Q′}}$ となるから，$\overline{\text{PQ}}$ のひずみを ε とすれば，

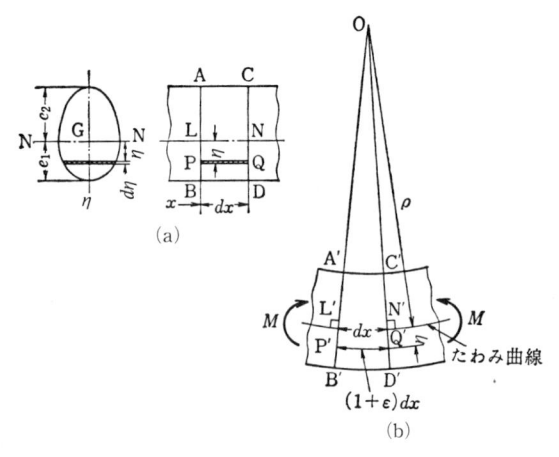

図 3.23 はりの曲がり

$$\widehat{P'Q'} = (1+\varepsilon)dx \tag{3.41}$$

となる．一方，扇形 OL'N' と OP'Q' とは相似であるから，

$$\frac{\widehat{P'Q'}}{\widehat{L'N'}} = \frac{\overline{OP'}}{\overline{OL'}} = \frac{\rho+\eta}{\rho} \tag{3.42}$$

式 (3.41), (3.42) より

$$1+\varepsilon = \frac{\rho+\eta}{\rho}$$

すなわち

$$\varepsilon = \frac{\eta}{\rho} \tag{3.43}$$

となる．したがって，応力 σ は，仮定 (2), (3) より，材料の縦弾性係数を E とすれば，

$$\sigma = E\varepsilon = E\frac{\eta}{\rho} \tag{3.44}$$

で与えられる．式 (3.43), (3.44) より，ひずみ，応力ともに，図 3.24 に示すように中立軸からの距離 η に比例し，下表面で最大の引張応力 σ_1 を，上

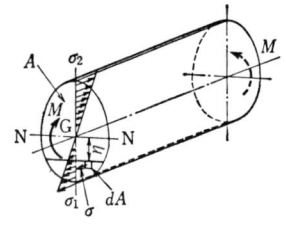

図 3.24 はりの曲げ応力

表面で最大の圧縮応力 σ_2 を生じる.

次に，このはりに作用する荷重が横荷重とモーメント荷重のみで，縦軸方向には荷重が作用していないものとすれば，縦軸方向の力の釣合い条件として，任意の横断面の垂直応力（曲げ応力）σ の総和は 0 となる．すなわち，図 3.24 に示すように，横断面において，中立軸から η の距離に微小面積 dA をとり，そこに作用する曲げ応力を σ とすると，

$$\int_A \sigma dA = 0 \tag{3.45}$$

となる．ただし，A は断面積を示し，積分はこの断面全体に及ぶことを意味する．式 (3.45) に式 (3.44) を代入すると，

$$\frac{E}{\rho}\int_A \eta dA = 0 \quad \text{ゆえに} \quad \int_A \eta dA = 0 \tag{3.46}$$

式 (3.46) の積分は，横断面内の微小面積 dA と中立軸 NN からそれに至る距離 η との積の総和であって，これを断面の NN に関する面積モーメント (moment of area)，または断面 1 次モーメント (geometrical moment of area) という．図心を通る軸線に関する面積モーメントは 0 であるから，式 (3.46) は中立軸 NN が図心 G を通ることを意味する．したがって，断面の図心を連ねた縦軸は中立面内にある．

次に，曲げ応力 σ が横断面の中立軸に関して持つモーメントの総和は抵抗モーメントになり，これは，断面が受ける曲げモーメントに等しくなければならない．すなわち

$$M = \int_A \sigma \eta dA = 0 \tag{3.47}$$

式 (3.47) に式 (3.44) を代入し，

$$\int_A \eta^2 dA = I \tag{3.48}$$

とおくと，

$$M = \frac{E}{\rho}\int_A \eta^2 dA = \frac{EI}{\rho} \quad \text{または} \quad \frac{1}{\rho} = \frac{M}{EI} \tag{3.49}$$

I は，微小面積 dA と中立軸 NN からそれに至る距離 η の 2 乗との積の総和であって，これを断面の中立軸 NN に関する断面 2 次モーメント (second moment of area），または慣性モーメント（moment of inertia of area）という．I は断面の形状寸法のみから定まる．なお，

$$k=\sqrt{\frac{I}{A}} \qquad (3.50)$$

を断面の NN 軸に関する回転半径（radius of gyration）という．式（3.49）から，曲がりの大小を表す曲率 $1/\rho$ は，加わる曲げモーメント M に比例し，EI に反比例する．EI ははりの曲がりにくさを表す係数であって，これをはりの曲げ剛性または曲げこわさ（flexural rigidity）という．

式（3.44）と式（3.49）から E/ρ を消去すると，

$$\sigma=\frac{M\eta}{I} \qquad (3.51)$$

となり，この式は，曲げモーメントとそれによって生じる応力との関係を表す，重要な式である．式（3.51）から，$M>0$ のとき，σ は下表面 $\eta=e_1$ で最大の引張応力 σ_1 を，上表面 $\eta=-e_2$ で最大の圧縮応力 σ_2 を示し，

$$\sigma_1=\frac{Me_1}{I}=\frac{M}{Z_1}, \qquad \sigma_2=-\frac{Me_2}{I}=-\frac{M}{Z_2} \qquad (3.52)$$

ここに

$$Z_1=\frac{I}{e_1}, \qquad Z_2=\frac{I}{e_2} \qquad (3.53)$$

で，これを中立軸 NN に関する断面係数（section modulus）といい，断面の形状寸法のみから定まる．一般に，断面係数 Z_1 と Z_2 は異なるが，$e_1=e_2$ のときは $Z_1=Z_2$ となる．式（3.52）から，同一曲げモーメントに対し，断面係数が大きいほど，曲げ応力は小さくなり，強いはりになる．一様断面のはりでは，曲げ応力は曲げモーメントに比例するので，最大曲げモーメントの生じる断面で最大となる．したがって，この断面は破損に対して最も危険であるから，これを危険断面（dangerous section）という．図 3.25 の両端支持はりを例にとると，その曲げ応力の分布は図のよう

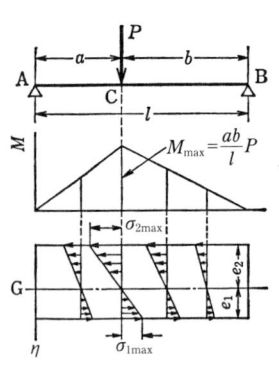

図 3.25　最大曲げ応力

になり，縦軸方向には曲げモーメント M に比例して変化し，ある一つの断面では η に比例する．したがって，この場合は断面 C が危険断面となり，はり全体の最大曲げ応力は，断面 C 内の $\eta=e_1$ または $\eta=-e_2$ の点に生じる．

e．はりの曲げによるたわみ

前述のように，はりが曲がったとき，縦軸のなす曲線をたわみ曲線（deflection curve, elastic curve）といい，はりの変形はこのたわみ曲線で代表される．図 3.26 に示すように，変形前のはりの軸線方向に x 軸を，下向きに y 軸をとると，はりのたわみ y は，

$$y=f(x) \tag{3.54}$$

で表される．たわみ曲線の接線がもとの軸線となす傾き角 i をたわみ角（angle of inclination, slope）という．すなわち

$$\tan i=\frac{dy}{dx} \tag{3.55}$$

この曲線の曲率半径 ρ は

$$\frac{1}{\rho}=-\frac{d^2y/dx^2}{\{1+(dy/dx)^2\}^{3/2}} \tag{3.56}$$

で与えられる．

材料力学で取り扱うはりではたわみ角 i は小さいので，式 (3.56) の分母の $(dy/dx)^2$ は 1 に比べて無視できる．したがって，式 (3.56) は

$$\frac{1}{\rho}=-\frac{d^2y}{dx^2} \tag{3.57}$$

となる．なお，曲線が上に凸に曲がっているときは，$1/\rho=d^2y/dx^2$ となる．

一方，曲げモーメント M と中立面の曲率 $1/\rho$ との間には式 (3.49) の関係があり，式 (3.49) と式 (3.57) から $1/\rho$ を消去すると，

$$EI\frac{d^2y}{dx^2}=-M \tag{3.58}$$

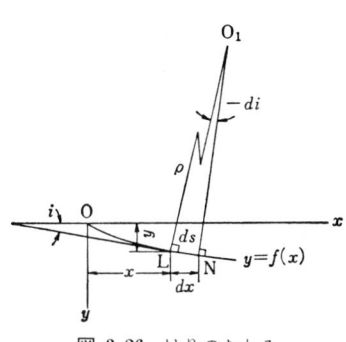

図 3.26 はりのたわみ

が得られる[*5]．

式 (3.58) がはりのたわみを求める基礎式 (fundamental equation) であって，これを順次積分すると，たわみ角 $dy/dx = \tan i \fallingdotseq i$ およびたわみ y を求めることができる．すなわち

$$i \fallingdotseq \frac{dy}{dx} = -\int \frac{M}{EI} dx + C_1 \tag{3.59}$$

$$y = -\iint \frac{M}{EI} dx dx + C_1 x + C_2 \tag{3.60}$$

ここに，C_1, C_2 は積分定数で，境界条件 (boundary condition) によって定めるべきものである．

たわみが極値をとる位置を求めるには，

$$\frac{dy}{dx} = 0 \tag{3.61}$$

を解けばよい[*6]．また，たわみ曲線の変曲点は，$d^2y/dx^2 = 0$，すなわち式 (3.58) より $M = 0$ の点である．

なお，式 (3.58) を微分し，式 (3.27)，(3.28) を用いると，

$$EI \frac{d^3y}{dx^3} = -\frac{dM}{dx} = -F \tag{3.62}$$

$$EI \frac{d^4y}{dx^4} = -\frac{d^2M}{dx^2} = -\frac{dF}{dx} = w \tag{3.63}$$

以下に，簡単なはりのたわみの具体例を示す．

1) 両端支持はり

(1) 1個の集中荷重を受けるとき (図 3.27)：スパン l の両端支持はり AB が，点 C で集中荷重 P を受ける場合を考える．曲げモーメントは，式 (3.32) および式 (3.33) に示したように，AC 間と CB 間で異なるが，マコーレの記号

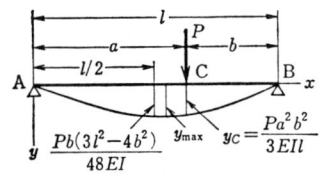

図 3.27 集中荷重を受ける両端支持はり

y_{max}　$Pb(3l^2-4b^2)/48EI$　$y_C = Pa^2b^2/3EIl$

[*5] 下に y をとり，上層圧縮の M を正とするとき － となる．いずれかを逆に定義すると，＋になる．
[*6] $M > 0$ のとき，式 (3.58) より $d^2y/dx^2 < 0$ となるので極大値，$M < 0$ のとき極小値をとる．さらに，最大値を求めるにははりの両端のたわみを調べる必要がある．

郵便はがき

1 6 2 - 8 7 0 7

恐縮ですが切手を貼付して下さい

東京都新宿区（牛込局区内）
新小川町 6 - 29

朝 倉 書 店

愛読者カード係 行

●本書をご購入ありがとうございます。今後の出版企画・編集案内などに活用させていただきますので，本書のご感想また小社出版物へのご意見などご記入下さい。

フリガナ お名前		男・女	年齢　　歳

ご自宅 〒	電話

E-mailアドレス

ご勤務先 　学校名	（所属部署・学部）

同上所在地

ご所属の学会・協会名

ご購読　・朝日　・毎日　・読売 新聞　・日経　・その他（　　　）	ご購読（　　　　　　） 雑誌

書名	科学技術入門シリーズ 1 機械システム工学入門

本書を何によりお知りになりましたか

1. 広告をみて（新聞・雑誌名　　　　　　　　　　　　　　）
2. 弊社のご案内
   （●図書目録●内容見本●宣伝はがき●E-mail●インターネット●他）
3. 書評・紹介記事（　　　　　　　　　　　　　　　　　）
4. 知人の紹介
5. 書店でみて

お買い求めの書店名　（　　　　　　　　市・区　　　　　　　書店）
　　　　　　　　　　　　　　　　　　　　町・村

本書についてのご意見

今後希望される企画・出版テーマについて

図書目録，案内等の送付を希望されますか？　　　・要　・不要
　　　　・図書目録を希望する
ご送付先　・ご自宅　・勤務先
E-mailでの新刊ご案内を希望されますか？
　　　　・希望する　・希望しない　・登録済み

ご協力ありがとうございます

先端科学技術シリーズ

大越孝敬・大須賀節雄・軽部征夫・榊 裕之・
竹内 啓・村上陽一郎・柳田博明 編集
A5判

X1. 先端科学技術とは何か
大越孝敬編著
168頁 本体2400円
ISBN4-254-20798-0 注文数 冊

X2. 先端科学技術と私 I
村上陽一郎編
176頁 本体2500円
ISBN4-254-20799-9 注文数 冊

X3. 先端科学技術と私 II
村上陽一郎編
180頁 本体2500円
ISBN4-254-20800-6 注文数 冊

B1. コヒーレント光量子工学
大津元一著
192頁 本体2900円
ISBN4-254-20801-4 注文数 冊

B2. 光導波路解析
小柴正則著
192頁 本体3500円
ISBN4-254-20802-2 注文数 冊

B3. 位相共役光学
左貝潤一著
224頁 本体3900円
ISBN4-254-20803-0 注文数 冊

B4. 三次元画像工学
大越孝敬著
216頁 本体4300円
ISBN4-254-20804-9 注文数 冊

B5. 低周波ノイズ ―1/fゆらぎとその測定法―
橋口住久著
160頁 本体3500円
ISBN4-254-20805-7 注文数 冊

B6. 光ファイバ ―ファイバ形光デバイス―
森下克己著
192頁 本体4200円
ISBN4-254-20806-5 注文数 冊

C1. バイオテクノロジー
軽部征夫・早出広司編著
200頁 本体4200円
ISBN4-254-20841-3 注文数 冊

C2. バイオエレクトロニクス ―バイオセンサー・バイオチップ―
軽部征夫・民谷栄一著
168頁 本体4000円
ISBN4-254-20842-1 注文数 冊

E1. 技術進展のアセスメント
森谷正規著
164頁 本体3500円
ISBN4-254-20881-2 注文数 冊

E2. 研究教育システム
猪瀬 博・村上陽一郎著
208頁 本体3400円
ISBN4-254-20882-0 注文数 冊

＊**本体価格は消費税別です**（2002年2月1日現在）

▶お申込みはお近くの書店へ◀

朝倉書店

162-8707 東京都新宿区新小川町6-29
営業部 直通(03)3260-7631 FAX(03)3260-0180
http://www.asakura.co.jp eigyo@asakura.co.jp

科学技術入門シリーズ

基礎的項目を平易に解説し、セメスター制にも対応した教科書　A5判

1. 機械システム工学入門
竹園茂男・岩永弘之・成田吉弘・大槻敦巳・高木章二・蒔田秀治・池尾　茂他著
190頁　〔近刊〕
ISBN4-254-20501-5　　注文数　　冊

機械系の学生には入門書，各種試験の復習用として，他学科の方には機械工学概論書として利用できるようまとめた。〔内容〕材料／固体力学／機械力学／機構学／制御工学／流体力学／流体機械／熱力学／熱機関／伝熱／機械設計／機械工作

2. 生産システム工学
小西正躬・清水良明・寺嶋一彦・北川秀夫・北川　孟・石光俊介・三宅哲夫他著
176頁　本体2900円
ISBN4-254-20502-3　　注文数　　冊

知的生産システムの基礎理論から実際までを平易に解説。〔内容〕生産システムの概念／生産計画と生産管理／制御とオートメーション／生産自動化のための基礎／メカトロニクス技術とロボットの基礎／知的計測と信号処理

3. 情報通信のための 電磁工学入門
宮崎保光・武富喜八郎・脇田紘一・長岐芳郎・真鍋克也著
190頁　〔近刊〕
ISBN4-254-20504-X　　注文数　　冊

情報系のための電磁気学について解説した画期的な教科書。〔内容〕真空中における静電界／誘電体中における静電界／定常電流と電気回路／静磁界／電磁誘導とインダクタンス／変位電流と電磁方程式／IC回路と半導体／電磁波，他

4. エコテクノロジー入門
笠倉忠夫・菊池　洋・平石　明・藤江幸一・水野　彰・村上定瞭・田中三郎・成瀬一郎他著
152頁　本体2700円
ISBN4-254-20508-2　　注文数　　冊

地球の再生を目的とする環境工学，エコロジー工学，生態工学を学ぶ学生を対象に，エコテクノロジーの理解を深められるようやさしく解説したテキスト。〔内容〕エコバイオテクノロジー／環境調和のテクノロジー／未来創造型循環社会

5. 社会科学の学び方
山口　誠・徳永澄憲・鯉江康正・藤原孝男・宮田　護・渋澤博幸著
176頁　本体2600円
ISBN4-254-20509-0　　注文数　　冊

社会科学を学ぶための基礎的な考え方が身につくよう平易に解説。付録に数学・統計学の基礎をまとめた。〔内容〕社会科学としての経済学／政策の基礎／経済学の基礎／都市・地域の経済学／経営学の基礎／環境問題と経済学／社会工学，他

(Macaulay's brackets)*7) を用いると，次のように一つの式で表すことができる*8)．

$$M = \frac{b}{l}Px - P\langle x-a \rangle \tag{3.64}$$

ただし

$$\left. \begin{array}{ll} \langle x-a \rangle = 0 & (x \leq a) \\ \langle x-a \rangle = x-a & (x > a) \end{array} \right\} \tag{3.65}$$

式 (3.64) を式 (3.58) に代入して，

$$EI\frac{d^2y}{dx^2} = -M = -\frac{b}{l}Px + P\langle x-a \rangle \tag{3.66}$$

積分して

$$EI\frac{dy}{dx} = -\frac{b}{2l}Px^2 + \frac{P}{2}\langle x-a \rangle^2 + C_1 \tag{3.67}$$

$$EIy = -\frac{b}{6l}Px^3 + \frac{P}{6}\langle x-a \rangle^3 + C_1 x + C_2 \tag{3.68}$$

積分定数 C_1, C_2 は，左右の支点でたわみが 0 という条件 $(x=0, l : y=0)$ から決定できる．式 (3.68) で，$x=0$ は $x \leq a$ の範囲に入るので，$\langle x-a \rangle = 0$ として

$$EI \times 0 = -\frac{b}{6l}P \times 0^3 + 0 + C_1 \times 0 + C_2$$

から $C_2 = 0$．また，$x=l$ は $x>a$ の範囲にあるから，$\langle x-a \rangle = x-a$ として，

$$0 = -\frac{b}{6l}Pl^3 + \frac{P}{6}(l-a)^3 + C_1 l = -\frac{b}{6l}Pl^3 + \frac{P}{6}b^3 + C_1 l$$

これより，

$$C_1 = \frac{Pbl}{6} - \frac{P}{6}\frac{b^3}{l} = \frac{Pb}{6}\left(l - \frac{b^2}{l}\right) = \frac{Pab(l+b)}{6l}$$

---

*7) $n \geq 0, \quad \langle x-a \rangle^n = \begin{cases} 0 & (x<a) \\ (x-a)^n & (x \geq a) \end{cases}$

$\int \langle x-a \rangle^n dx = \dfrac{1}{n+1}\langle x-a \rangle^{n+1} \quad (n \geq 0)$

$\dfrac{d}{dx}\langle x-a \rangle^n = n\langle x-a \rangle^{n-1} \quad (n \geq 1)$

*8) M をマコーレの記号で表すには，$x>a$ の範囲で M を求め，$(x-a)$ を $\langle x-a \rangle$ と書けばよい．

C_1, C_2 の値を式 (3.67), (3.68) に代入して,

$$EI\frac{dy}{dx} = -\frac{b}{2l}Px^2 + \frac{P}{2}\langle x-a \rangle^2 + \frac{Pab(l+b)}{6l} \quad (3.69)$$

$$EIy = -\frac{b}{6l}Px^3 + \frac{P}{6}\langle x-a \rangle^3 + \frac{Pab(l+b)}{6l}x \quad (3.70)$$

本方法を用いると, 支点間を分割して計算する必要がなく, 計算が著しく簡単になる.

最大たわみを生じる位置は, $a>b$ ならば AC 間 ($x \leq a$) に, $a<b$ ならば BC 間 ($a \leq x \leq l$) にある. たとえば, $a>b$ ならば,

$$x = \sqrt{\frac{a(a+2b)}{3}} = \sqrt{\frac{l^2-b^2}{3}} \quad (3.71)$$

これを式 (3.70) に代入して,

$$y_{\max} = \frac{Pb(l^2-b^2)^{3/2}}{9\sqrt{3}EIl} \quad (3.72)$$

また, 荷重点および中央のたわみは, 式 (3.70) で, それぞれ $x=a$ および $x=l/2$ とおいて,

$$y_c = \frac{Pa^2b^2}{3EIl} \quad (3.73)$$

$$y|_{x=l/2} = \frac{Pb(3l^2-4b^2)}{48EI} \quad (3.74)$$

最大たわみを生じる位置は, 式 (3.71) からわかるように, 一般に荷重点ではない. b が $l/2$ より小さくなるにつれて中央から右に移動するが, $b \to 0$ の場合でも, $x = l/\sqrt{3} = 0.577l$ となり, あまり中央から離れない.

集中荷重がはりの中央に作用するときには, 式 (3.74) より, $a=b=l/2$ とおくと,

$$y_{\max} = \frac{Pl^3}{48EI} \quad (3.75)$$

(2) 全長に等分布荷重を受けるとき (図 3.28): 左支点 A から x の距離にある断面の曲げモーメントは, 式 (3.36) より, $M = w(lx-x^2)/2$ であるから, 式 (3.58) は,

$$\frac{d^2y}{dx^2} = -\frac{w}{2EI}(lx - x^2) \qquad (3.76)$$

積分して,

$$\frac{dy}{dx} = -\frac{w}{2EI}\left(\frac{l}{2}x^2 - \frac{x^3}{3} + C_1\right) \qquad (3.77)$$

$$y = -\frac{w}{2EI}\left(\frac{l}{6}x^3 - \frac{x^4}{12} + C_1 x + C_2\right) \qquad (3.78)$$

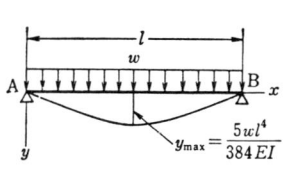

図 3.28 等分布荷重を受ける両端支持はり

境界条件は, $x=0$ および $x=l$ で $y=0$ となる.したがって,式 (3.78) より, $C_2=0$, $C_1=-l^3/12$. これを式 (3.77), (3.78) に戻すと,

$$\frac{dy}{dx} = \frac{w}{24EI}(4x^3 - 6lx^2 + l^3) \qquad (3.79)$$

$$y = \frac{wx}{24EI}(x^3 - 2lx^2 + l^3) \qquad (3.80)$$

最大たわみは,式 (3.79) で $dy/dx=0$ とおいて,$x=l/2$, すなわち中央に生じる.最大値は式 (3.80) より,

$$y_{\max} = \frac{5wl^4}{384EI} \qquad (3.81)$$

2) 片持はり

1個の集中荷重を受けるとき(図 3.29),x 断面の曲げモーメント M は,式 (3.40) より,マコーレの記号を用いて,

$$\begin{aligned} M &= -M_A + R_A x - P\langle x-a \rangle \\ &= P(x-a) - P\langle x-a \rangle \\ &(\because 釣合い式より \quad M_A = Pa,\ R_A = P) \end{aligned} \qquad (3.82)$$

式 (3.58) に代入して,

$$\frac{d^2y}{dx^2} = -\frac{M}{EI} = -\frac{P}{EI}\{-(x-a) + \langle x-a \rangle\} \qquad (3.83)$$

積分して,

$$\frac{dy}{dx} = \frac{P}{EI}\left\{-\frac{x^2}{2} + ax + \frac{1}{2}\langle x-a \rangle^2 + C_1\right\} \qquad (3.84)$$

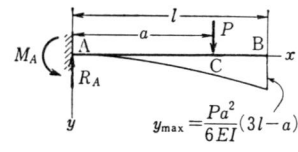

図 3.29 集中荷重を受ける片持はり

$$y_{\max} = \frac{Pa^2}{6EI}(3l - a)$$

$$x=0 : dy/dx=0 \quad \therefore C_1=0$$

もう一度積分して，

$$y=\frac{P}{EI}\left\{-\frac{x^3}{6}+\frac{a}{2}x^2+\frac{1}{6}\langle x-a\rangle^3+C_2\right\} \tag{3.85}$$

$$x=0 : y=0 \quad \therefore C_2=0$$

$$\therefore y=\frac{P}{6EI}(3ax^2-x^3+\langle x-a\rangle^3) \tag{3.86}$$

最大たわみは点 B で生じ，

$$y_{\max}=y|_{x=l}$$
$$=\frac{P}{6EI}\{3al^2-l^3+(l-a)^3\}=\frac{Pa^2}{6EI}(3l-a) \tag{3.87}$$

3.4 丸棒のねじり

図 3.30 に示すように，棒の両端に，中心軸線に垂直な面内のモーメント T を加えると，棒はねじれて，内部にねじり応力 (torsional stress) が発生する．ねじりを受ける棒を一般に軸 (shaft) という．図のような一様な太さの丸棒の

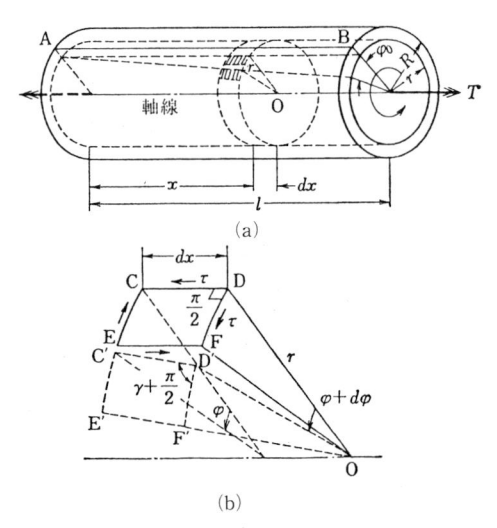

図 3.30 丸棒のねじり

3.4 丸棒のねじり

場合には，ねじれは棒の全長にわたって一様に生じるので，はじめ棒の表面に描いた軸線方向の直線 AB は，棒がねじられるとらせんになる．一方，丸棒の横断面は，棒がねじられた後も中心軸に直交する平面内にあって円形を保ち，中心軸のまわりに回転するだけである．

いま，任意の x 断面（左端から距離 x）と $x+dx$ 断面にはさまれた微小長さ dx の部分に，図 3.30(b) に示すような半径 r の同心円筒をとり，微小な長方形 CEFD の変形を考えると，CEFD は変形後平行四辺形 C'E'F'D' になる．棒の左端の断面に対する x 断面の回転角（ねじれ角）を φ，$x+dx$ 断面の回転角を $\varphi+d\varphi$ とすると，長方形 CEFD の受けるせん断ひずみは，式 (3.6) の定義より，

$$\gamma = \frac{\widehat{DD'}-\widehat{CC'}}{CD} = \frac{r(\varphi+d\varphi)-r\varphi}{dx} = r\frac{d\varphi}{dx} = r\theta \tag{3.88}$$

となる．ここで，

$$\frac{d\varphi}{dx} = \theta \tag{3.89}$$

は，単位長さあたりのねじれ角を表し，これを比ねじり角 (specific angle of twist) という．比ねじり角はねじりの程度を表す．

また，せん断応力 τ は，式 (3.88) より

$$\tau = G\gamma = Gr\theta \tag{3.90}$$

となる．式 (3.88)，(3.90) より，せん断ひずみとせん断応力は比ねじり角 θ に比例し，ある断面上では半径 r に比例する．図 3.31 にせん断応力の分布を示す．

さて，任意の断面に生じるせん断応力の中心軸に関するモーメントの総和は，

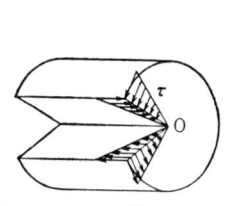

図 3.31 せん断応力の分布   図 3.32 ねじりモーメント

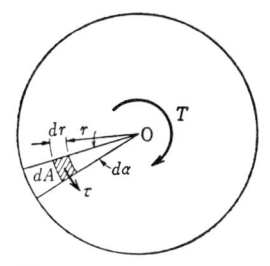

外から加えられたねじりモーメント（トルク）T に等しくなければならない。図 3.32 に示すように，断面内の半径 r の位置に微小面積 $dA(=rda\times dr)$ を考えると，せん断応力は円周方向に作用するので，この部分に作用するせん断応力の軸線まわりのモーメントは，$\tau dA \times r = \tau r dA$ となり，式 (3.90) を用いて，

$$Gr^2\theta dA \tag{3.91}$$

となる。このモーメントを断面全体にわたって積分したものが T に等しくなる。したがって，

またば，
$$\left.\begin{array}{l} T=\int_A Gr^2\theta dA = G\theta\int_A r^2 dA = G\theta I_p \\[2mm] \theta = \dfrac{T}{GI_p} \end{array}\right\} \tag{3.92}$$

ここに，$I_p = \int_A r^2 dA$ は断面 2 次極モーメント (polar second moment of area, polar moment of inertia) を表し，GI_p をねじり剛性 (torsional rigidity) という。

x 断面のねじれ角 φ は，

$$\varphi = \theta x = \frac{Tx}{GI_p} \tag{3.93}$$

となり，長さ l の軸のねじれ角 φ_0 は，

$$\varphi_0 = \theta l = \frac{Tl}{GI_p} \tag{3.94}$$

となる。

せん断応力 τ とねじりモーメント T との関係は，式 (3.90), (3.92) より θ を消去して，

$$\tau = \frac{Tr}{I_p} \tag{3.95}$$

となる。せん断応力の最大値は，$r=R$（外周）で生じ，その値は

$$\tau_{\max} = \frac{TR}{I_p} = \frac{T}{Z_p}, \qquad Z_p = \frac{I_p}{R} \tag{3.96}$$

Z_p をねじりの断面係数 (torsional section modulus) といい，中実丸棒では，

$$I_p = \frac{\pi}{2}R^4 = \frac{\pi}{32}d^4, \quad Z_p = \frac{I_p}{R} = \frac{\pi R^3}{2} = \frac{\pi d^3}{16}, \quad d = 2R \tag{3.97}$$

である.内,外半径が R_i, R_0 の中空丸棒の場合にも,式 (3.92)〜(3.96) はそのまま成り立つ.ただし,

$$I_p = \frac{\pi}{2}(R_0^4 - R_i^4) = \frac{\pi}{32}(d_0^4 - d_i^4) \tag{3.98}$$

$$Z_p = \frac{I_p}{R} = \frac{\pi(R_0^4 - R_i^4)}{2R_0} = \frac{\pi(d_0^4 - d_i^4)}{16 d_0} \tag{3.99}$$

3.5 柱

a. 柱の座屈

軸方向に圧縮荷重を受ける棒を柱 (column) という.3.1節,3.2節では,棒が軸圧縮荷重を受ける場合,単に負の引張りとして扱い,圧縮応力を生じるのみと考えた.しかしながら,長い棒が軸圧縮荷重を受けると不安定になり,荷重の大きさがある値になったとき,急に側方にたわみが生じる.荷重が偏心して加わっているとはじめからたわむが,偏心していなくてもこのような現象が起こる.この現象は圧縮荷重特有のもので,引張荷重のときには生じない.このように,柱が軸圧縮荷重を受けて,ある荷重のとき急に側方にたわみはじめる現象を座屈 (buckling) といい,そのときの荷重を座屈荷重 (buckling load) という.

図 3.33 に示すように,両端回転支持の長さ l の柱に,圧縮荷重 P が作用する場合を考える.いま,荷重が座屈荷重に達したために柱がごくわずか曲がったとする.図のように x, y 座標をとると,任意点 x の位置の曲げモーメント M は,

$$M = Py \tag{3.100}$$

となる[*9].これをはりのたわみの基礎式 (3.58) に用いると,

$$EI\frac{d^2 y}{dx^2} = -M = -Py \tag{3.101}[*10]$$

上式より

[*9] x より下の部分を考える.M は左側圧縮を正とする.
[*10] 曲がりは最小断面 2 次モーメントの方向に起こるから,I は最小のものをとる.

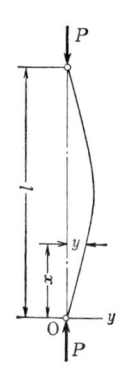

$$\frac{d^2y}{dx^2} + \alpha^2 y = 0, \qquad \alpha^2 = \frac{P}{EI} \qquad (3.102)$$

これの一般解は，
$$y = A\sin\alpha x + B\cos\alpha x \qquad (3.103)$$
定数 A, B は，次の境界条件から決める．
$$x = 0, \quad l : y = 0 \qquad (3.104)$$
ゆえに，はじめの条件から
$$B = 0 \qquad (3.105)$$
後の条件から，
$$A\sin\alpha l = 0 \qquad (3.106)$$

図 3.33 圧縮荷重を受ける長柱（両端回転支持）

式 (3.106) で $A=0$ とすると，式 (3.103) の y は常に 0 となるから，座屈は起こらないことになる．ゆえに，
$$\sin\alpha l = 0 \qquad (3.107)$$
でなければならない．式 (3.107) から
$$\alpha l = n\pi \qquad (n:\text{整数}) \qquad (3.108)$$
これに式 (3.102) の第2式を代入して α を消去すると，
$$P = \frac{n^2\pi^2 EI}{l^2} \qquad (3.109)$$
P は n によって変わるが，このうち最小値をとり，$n=1$ のとき座屈荷重 P_c は，
$$P_c = \frac{\pi^2 EI}{l^2} \qquad (3.110)$$
このときの曲がりの様子は，式 (3.103) に式 (3.105)，(3.108) を代入して，
$$y = A\sin\alpha x = A\sin\frac{n\pi x}{l} \qquad (3.111)$$
となる．

式 (3.110) の P_c をオイラー（Euler）の座屈荷重という．座屈荷重は材料の強さ（引張強さ，降伏点など）に関係なく，形状寸法と縦弾性係数のみで定まる[*11]．

[*11] l が等しく，端末条件が同一の場合には，座屈荷重は曲げ剛性 EI に比例する．

他の端末条件の場合も同様の計算で求められるが，図3.34に示すように，各場合の座屈変形を考え，両端回転支持の場合に引き直すことによって，簡単に座屈荷重を求めることができる場合がある．すなわち，同図(a)の場合には長さ$2l$の両端回転支持の場合に相当し，(b)の場合は長さ$l/2$の両端回転支持の場合に相当すると考え，式(3.110)より，それぞれ，

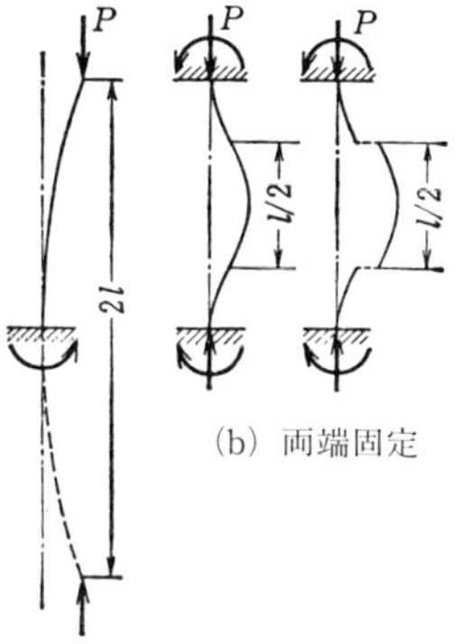

$$P_c = \frac{\pi^2 EI}{(2l)^2} = \frac{\pi^2 EI}{4l^2} \qquad (3.112)$$

および

$$P_c = \frac{\pi^2 EI}{(l/2)^2} = \frac{4\pi^2 EI}{l^2} \qquad (3.113)$$

となる．

(a) 一端固定 他端自由
(b) 両端固定
図 3.34 座屈荷重

b．座屈応力

いろいろな端末条件に対する座屈荷重は，両端の端末条件係数 C を用いて（表3.1），一般に次の形に書き表すことができる．

$$P_c = C\frac{\pi^2 EI}{l^2} = \frac{\pi^2 EI}{l_r^2} \qquad (3.114)$$

ここに，

$$l_r = \frac{l}{\sqrt{C}} \qquad (3.115)$$

で，l_r を換算長さ（reduced length）または座屈長さ（buckling length）という．

いま，断面積を A，断面の回転半径を $k=\sqrt{I/A}$，細長比（slenderness ratio）を $\lambda = l/k$ とすると，

$$\sigma_c = \frac{P_c}{A} = \frac{C\pi^2 EI}{l^2 A} = \frac{C\pi^2 E}{\lambda^2} = \frac{\pi^2 E}{\lambda_r^2} \qquad (3.116)$$

表 3.1 端末条件係数

端末条件	係数 C
両端回転	1
両端固定	4
回転-固定端	2.0458≒2
自由-固定端	1/4

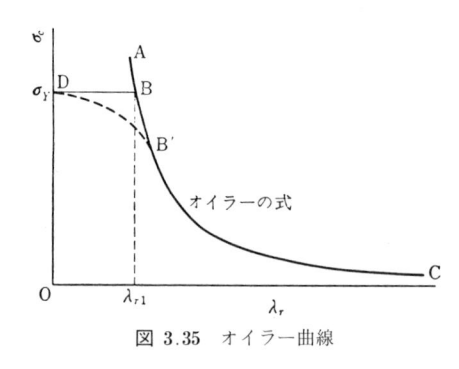

ここに,

$$\lambda_r = \frac{\lambda}{\sqrt{C}} = \frac{l}{k\sqrt{C}} = \frac{l}{\sqrt{IC/A}} \quad (3.117)^{*12)}$$

を相当細長比という．式 (3.116) の σ_c は，座屈荷重 P_c を断面積で割ったもので，座屈応力 (buckling stress) という．式 (3.116) を図示すると，図 3.35 の 1 本の曲線 ABC で表される．これを

図 3.35 オイラー曲線

オイラー曲線 (Euler column curve) という．式 (3.116) は，図 3.35 に示すように，$\lambda_r \to 0$ のとき $\sigma_c \to \infty$ となる．しかし，これは，実際の材料は降伏するにもかかわらず，フックの法則を適用しているためであって，式 (3.116) は，σ_c が材料の圧縮の降伏点 σ_Y 以下の場合にしか成立しない．したがって，図 3.35 において，直線 $\sigma_c = \sigma_Y$ とオイラー曲線との交点 B より上の AB 部分は無意味となる．点 B の λ_r 値は，式 (3.116) において $\sigma_c = \sigma_Y$ とおいて，

$$\lambda_{r1} = \pi \sqrt{\frac{E}{\sigma_Y}} \quad (3.118)$$

となる．すなわち，オイラーの公式を適用できるのは，λ_r がこれよりも大きい場合である．

実験によると，σ_c は，降伏点 σ_Y に近づくと，点 B より少し手前の点 B' あたりからオイラー曲線から離れて，破線をたどって点 D に至る．そこで，DB' 間の曲線を式で表すため，実験式がいくつか提案されている[*13)]．

[*12)] 座屈は，一般に CI の小さい方（λ_r の大きい方）の軸のまわりに起こる．
[*13)] ランキン (Rankine)，ジョンソン (Johnson)，テトマイヤー (Tetmayer)，サウスウェル (Southwell) などの式がある．

4

機械力学（動力学）

　土木や建築の構造物は静止して使われるが，動かない機械は考えられない．このように機械は要素が連結され定まった相対運動を行うことに特徴があり，その動的な現象を常に考える必要がある．機械力学（動力学）を学ぶ目的は，機械の動的挙動を解析して，振動や騒音などの問題を究明して対策を立てることにある．

4.1　力学とモデリング

　機械を設計・製作するためには，機械が受ける力を知り，この力に耐えて機能を発揮する仕組みや構造を考えることが必要である．このため機械（システム）工学において力と運動の関係を明らかにする力学を学ぶことは，きわめて重要である．その力学は，われわれが目にすることのできる大きさの物体を扱うニュートン力学（古典力学）であり，機械工学では対象が弾性体などの固体系と熱や流体を扱う熱流体系に大別される．

　図 4.1 は，本章の機械力学（動力学）と 3 章の材料力学（静力学）を中心として，固体系の力学の構成を示している．機械がこの世において時の経過とともに使われるものである以上，力学の対象を 3 次元的な空間に置いて，時間経過とともにさまざまな応答を示す物体とするのが一般性のあるとらえ方である．しかし現実の力学的な問題を，すべて 3 次元の空間と時間を同時に考慮する一般的問題とすることは現実的でなく，実際上でき

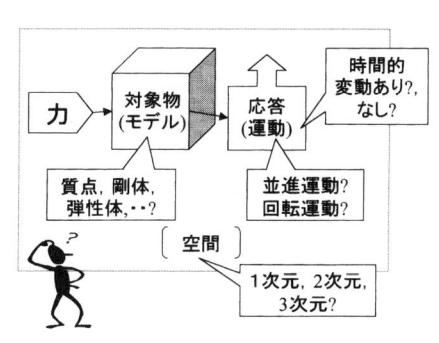

図 4.1　力学の見方とモデリング

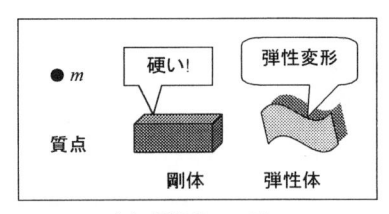

(a) 対象物のモデル　　　　　　　(b) 並進と回転運動

図 4.2　対象物モデルと運動

ないことも多い．そこで対象の物体と現象の本質的な部分を取り出して，力学モデルを作成して限定された問題について解決を試みる．こうしたモデルを作る作業をモデル化，特に力学では力学モデリングという．

われわれがものごとを十分理解したとき，他人にたとえ話などを使い簡単に説明できるのは，頭の中でそのことをモデル化できているからである．力学モデリングの過程は抽象的であり，以前は力学において意識されることが少なかったが，問題が複雑化する中で最近はその過程が重要になっている．

図 4.2(a) に示すように，対象物のモデルには，物の形や大きさを無視して質量だけを持たせた質点（particle），形や大きさは考えるが自身の形は変化しないと考える剛体（rigid body）がある．さらに力を加えると変形するが力を取り去ると原形に戻る弾性体（elastic body）や，粘土のように外力を取り去った後も原形に戻らない塑性体（plastic body）などがある．

対象物を質点や剛体など，どのようにモデル化するかは，物の形や大きさには単純に依存せず，問題の内容と目的をどう判断するかによる．サイズが大きいものでも回転や自身の変形を考えないときや，大きさが運動の範囲に比較して十分小さいときは質点として扱う．たとえば人工衛星は，目前に見るとかなり大きな物体で，その設計に際しては詳細に弾性体や部分的には塑性体としての力学特性を考えるであろう．しかし，同じ衛星でも地球を周回する軌道を考える場合には質点とみなす．このように力学モデリングは，対象物とその現象を相対化して，より本質的で重要なものを切り出す知的な近似作業である．

対象物に作用する力であるが，力は目に直接見えない．物が変形し動くときや，自分の筋肉を働かせているときに力の存在を感じる．力は物の表面を介して伝わる表面力（surface force）と，重力のように物体全体に作用する物体力（body force）に分けられる．表面力はさらに，1 点に集中して作用する集中力

と，幅を持って作用する分布力にモデル化されるが，これらはすでに3章の材料力学で，集中荷重と分布荷重として出会っている．

力学は力を受けた物体が，どう運動し変形するかを予測する．その応答が，時間的な影響を無視してよいと判断される場合は，静力学（statics）として問題のモデルから時間経過を取り除く．たとえば3章の材料力学は静力学であり，観察者の視点を材料の内部に持ち，外力によって材料内に現れる静的な内力（応力）と変形（ひずみ）を調べた．これに対し現象の時間的な経過，すなわち運動状態や振動などの動的現象に関心を寄せるのが動力学（dynamics）であり，本章の機械力学は動力学である．動力学では観察者の視点は，対象物の外部に置くことが多いが，材料内の動的な応力などを見るときは視点を材料内に持つこともある．

対象物に力が作用した結果現れる運動は，図4.2(b)のように直線的な動きを示す並進運動（translation）と，軸まわりの回転運動（rotation）に分けられる．たとえば陸上競技の100 m走は競技者の並進運動であるが，体操の鉄棒は主に回転運動である．質点は大きさを持たないため並進運動しか考えられない．剛体の運動では一般に並進と回転の両方を考慮する必要があり，剛体の運動を3次元の空間で考えるときは，一般に3方向の並進運動と3つの軸まわりの回転運動を扱う．ただし実際的な問題で，考える現象が直線上または円上にあるようなものであれば1次元，平面内の動きであれば2次元と簡単にモデル化できる．

4.2 物体の運動の表し方──運動学

力の作用があって物体は運動をするが，その力と運動の関係を調べるためには，前提として運動状態を正確に表現することが必要になる．すなわち1〜3次元の空間内に点の位置を正確に指定できる必要がある．このため原点を適当に定め，空間内に原点から始まる座標を設定する．座標系を定めることは空間に物差しをはり，位置を正確に決められることで，位置をあいまいさなく指定できるようになる．基本的には，一つの次元に一つの座標をはる．

こうして作られた座標系のうち，後に述べるニュートンの運動の3法則がそのまま成り立つような静止（または一定速度で並進運動）した座標系を，図4.3(a)に示すような慣性系（inertia system）と呼ぶ．これに対して座標系自体

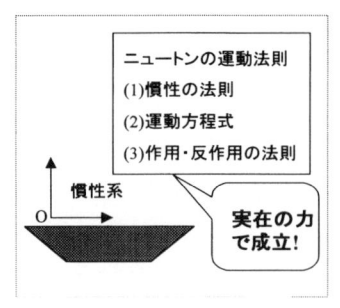

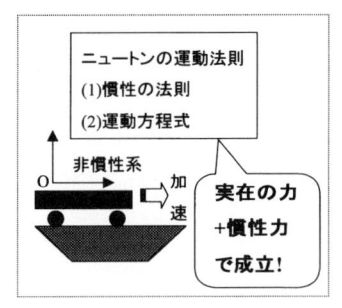

(a) 慣性（座標）系 　　　(b) 非慣性（座標）系

図 4.3　ニュートンの運動法則と座標系の関係

が加速度を持っている場合には，非慣性系（図 (b)）と呼び，実在しない見かけの力である慣性力を補って運動方程式を立てる．たとえば地上においた座標系を慣性系とすると，加速中の電車内においた座標系は非慣性系であり，電車内の力の釣合いは慣性力を用いて成り立つ．

いま直線座標上の質点の運動を考え，質点の位置を関数 $x = u(t)$ で表す．その位置の変化の割合を表すため速度を定義する．Δt 秒経過する間に，点が Δu だけ移動したとき，その時間あたりの平均的速度は $\Delta u / \Delta t$ になる．ある瞬間の速度を見るためには，$\Delta u / \Delta t$ の Δt を 0 に近づける操作をすればよい．この移動量の変化率 $\Delta u / \Delta t$ の極限値

$$v(t) = \lim_{\Delta t \to 0} \frac{\Delta u}{\Delta t} = \frac{du}{dt} = \dot{u} \tag{4.1}$$

を速度（velocity）という．時間 t に関する微分記号は，$(\cdot)$ を使い $\dot{u}$ とも表す．

さらに速度の時間あたりの変化率を，加速度（acceleration）

$$a(t) = \lim_{\Delta t \to 0} \frac{\Delta v}{\Delta t} = \frac{dv}{dt} = \frac{d^2 u}{dt^2} = \ddot{u} \tag{4.2}$$

という．

【例題 4.1】　直線上の点の位置が，時間の関数 $u(t) = -(1/2)gt^2 + v_0 t + u_0$ で与えられるとき，その速度と加速度を求める．ただし g, v_0, u_0 は定数である．

【解】　式 (4.1)，(4.2) から，u を微分して

$$v(t) = \frac{du}{dt} = -gt + v_0, \quad a(t) = \frac{dv}{dt} = -g \tag{4.3}$$

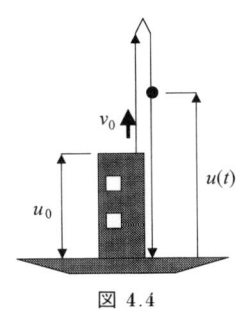

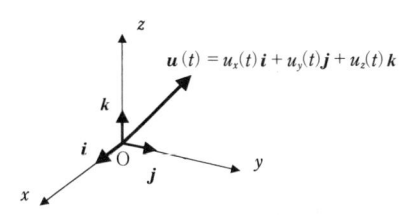

図 4.4　　　　図 4.5　3次元空間と質点位置のベクトル表示

これは図 4.4 に示すように，g を重力加速度（$g=$ 約 $9.81\ \mathrm{m/s^2}$）としたとき，初速度 v_0 で高さ u_0 のビルから真上に物体を打ち上げたときの関係式である．この場合の座標原点は地表におき，鉛直上向きに変位，速度，加速度の正をとっている．

図 4.5 に示す一般的な 3 次元空間においても，その運動の表現方法は同じである．ただし空間の位置や運動状態を的確に表すためには，ベクトル表示を用いるのが便利である．いま 3 次元空間に，O-xyz 座標系を与えて，x, y, z の各軸に沿った基本ベクトル $\boldsymbol{i}=(1,0,0), \boldsymbol{j}=(0,1,0), \boldsymbol{k}=(0,0,1)$ を用いる．基本ベクトルは，それぞれの座標軸方向の向きと単位長さを持つベクトルであり，これを使うと 3 次元空間内の位置が簡単に指定できるようになる．

たとえば，$(x, y, z)=(2,3,4)$ の位置は，$\boldsymbol{u}=2\boldsymbol{i}+3\boldsymbol{j}+4\boldsymbol{k}$ とベクトルで表現でき，一つの記号 $\boldsymbol{u}$ で三つの座標値の情報を表し，その計算に数学のベクトル理論が使える．いま質点の位置ベクトルを

$$\boldsymbol{u}(t)=u_x(t)\boldsymbol{i}+u_y(t)\boldsymbol{j}+u_z(t)\boldsymbol{k} \tag{4.4}$$

とすると，その速度と加速度は

$$\boldsymbol{v}(t)=\frac{du_x}{dt}\boldsymbol{i}+\frac{du_y}{dt}\boldsymbol{j}+\frac{du_z}{dt}\boldsymbol{k} \tag{4.5}$$

$$\boldsymbol{a}(t)=\frac{d^2u_x}{dt^2}\boldsymbol{i}+\frac{d^2u_y}{dt^2}\boldsymbol{j}+\frac{d^2u_z}{dt^2}\boldsymbol{k} \tag{4.6}$$

と表される．

4.3　並進運動と力の関係——ニュートンの運動法則

次に質点の運動と力の関係を調べる．その基礎となるのは，有名なニュートンの運動の法則（Newton's law of motion）である．

第1法則　「物体は外部から力を受けない限りは，静止を続けるか，等速直線運動を続ける」

第2法則　「物体に力が作用すると，力の作用方向に加速度を生じさせ，加速度の大きさは力の大きさに比例して，物体の質量に反比例する」

第3法則　「二つの物体間に力の作用があれば必ず反作用がある．その大きさは等しく一直線上で反対向きの方向である」

第1法則は「慣性の法則」と呼ばれている．慣性とは，漢字の意味そのままに「（現在の状態に）慣れている性質」の意味であり，物体は直進運動をそのまま続けようとする性質を表す．すなわち外から力が働かない限り，物体は静止していると静止したまま，「車は急には止まれない」のように動いている場合は，そのまま直進し続けたいという性質である．このことは摩擦の少ないスケートリンクの氷の上に，物を滑らせてみる（または置く）とよく理解される．慣性の性質の強さは，直線運動の場合には質量の大小により与えられる．回転運動の慣性の強さは，後述の慣性モーメントにより表される．

第2法則は，力 F に対して加速度 a が生じると，加速度の大きさは力の大きさに比例し，物体の質量 m に反比例することを表す．このままでは比例・反比例の関係を述べているだけであるが，それぞれの物理量 F, a, m に単位 [N]（Newton），[m/s^2]，[kg] を用いると

$$F = ma \tag{4.7}$$

と表される．加速度に $a = \ddot{u}$ を使うと $F = m\ddot{u}$ とも書けるが，この式を「運動方程式」という．動力学ではもちろん，SI 単位系の力の定義に使われるため静力学を含めた力学全般において最も重要な式である．

この式に一定の力 F を仮定すると，質量 m が小さいと加速度が大きくなり（軽い物は同じ力でも急に動き），逆に質量が大きいと加速度が小さくなる（重い物はゆっくり動きはじめる）という，われわれの日常の感覚に合った法則である

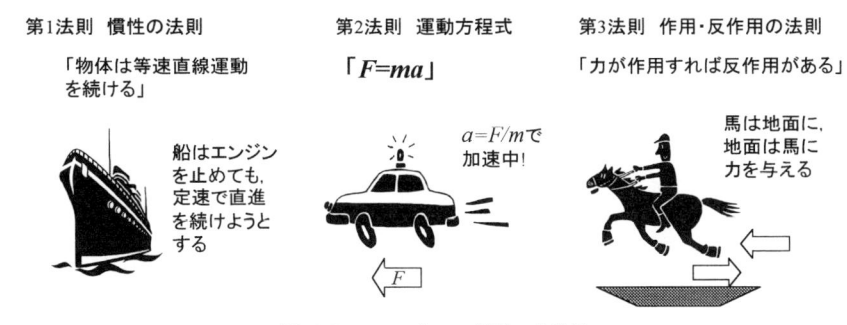

図 4.6 ニュートンの運動の3法則

とわかる．

式 (4.7) の F を 0 とすると $ma=0$, すなわち外力の作用がなければ加速度が 0 となり, 質量のある物体 ($m\neq 0$) は静止を含め, 必ず等速直線運動（加速度がない運動）を示すこと, すなわち第 1 法則の「慣性の法則」が導かれる．

第 3 法則は,「作用・反作用の法則」と呼ばれ, 二つの物体間の力の関係を定める．二つの物体 A, B があるとき, A が B に力を作用させるならば, 必ず B は大きさが等しく向きが反対の力を A に及ぼし返す．これは物体が静止, 運動のどちらの状態でも成り立つ．さらに二つの物体 A, B をまとめて一つの系と考えると, A から B への力と B から A への力の和は 0 となり, 内力は系全体の運動に影響を及ぼさない．船の中で壁を押しても, 船は進まないのである．

作用・反作用について誤解されやすいのは, 力の釣合いとの相違である．力の釣合いでは一つの点（物体）に 2 力が作用して釣合いが生じる．これに対して, 作用・反作用でも二つの力が現れるが, それはお互いの二つの物体間を訪問し合うだけで 2 力が 1 点で出会うわけではない．それはたとえば, 水の上で 2 隻のボート上の 2 人が 1 本の棒で押し合うようなもので, 相手から力を受けてボートは離れていくが, それは相手も同じである．

以上の 3 法則のイメージを図 4.6 に描いた．

ところで前節の座標系のところで, 慣性（座標）系について述べた．図 4.3 (a) に示した慣性系に現れる力は, 抗力, 反力, 重力などすべて実際に存在する力であり, 必ず力を与えてくれる相手が存在している．言い換えれば第 3 法則は, 反対の向きを持ち等しい大きさを持つ二つの力が, ペア（対）として存在すると述べている．これら実在の力に関しては, 地上に固定したような慣性系にお

いて，ニュートンの三つの運動法則が完全に成立する（地球も厳密には慣性系でないが，機械工学の問題では事実上慣性系としてよい）．

これに対して図4.3(b)のような，非慣性系と呼ばれる加速する電車や自動車内に設定した座標系では，実在の力だけではニュートンの法則は成立しない．そこで慣性力と呼ばれる仮想の力を考え，それを実在の力と同等に扱うことで第1と第2法則が成立つ．逆にいえば，二つの法則を成り立たせるために仮想するのが慣性力であり，その大きさは非慣性系が慣性系の座標に対して持つ加速度 a を用いて，$F=ma$ と与えられる．その作用は加速度の向きと反対であり，このことは加速しつつ前進する自動車では，運転者が後向きに押し付けられることからわかる．仮想の力である慣性力に力をくれる相手はいないため，慣性力に関しては第3法則の作用・反作用の法則は適用できない．ただし非慣性系でも，加速する満員電車中で隣の人と押し合いするように，実在の力は存在することができて，それに関する作用・反作用は存在する．

【例題4.2】 質量1200kgの自動車が，スタート後に一定の加速度を保ちながら5秒経過後に時速72km/hに達した．その加速に要した力を求めよ．同じ車が，2秒後に時速36km/hに減速した．それに必要な制動力（道路からの摩擦力）を求めよ．

【解】 スタート後の自動車の平均加速度は $a=(72\times1000)/(60\times60\times5)=4\,\mathrm{m/s^2}$，第2法則より $F=ma=1200\times4=4800\,\mathrm{N}=4.8\,\mathrm{kN}$．減速時の加速度は $a=((36-72)\times1000)/(60\times60\times2)=-5\,\mathrm{m/s^2}$，同様に第2法則より $F=ma=1200\times(-5)=-6000\,\mathrm{N}=-6\,\mathrm{kN}$． ∎

なおニュートンの運動法則は，経験則であり数学により証明されるものではないが，精密な測定や多くの実験結果によりその正しさは疑いの余地がない．大きさが原子レベルなどの極限的な条件下では量子力学なども必要だが，目に見える規模の物体を扱う機械工学の力学問題では，ニュートンの運動法則，特に第2法則の運動方程式 $F=ma=m\ddot{u}$ を常に使うと考えてよい．

4.4 回転運動と力の関係

前節で学んだニュートンの運動法則は，直線運動に直接適用でき，物体に並進運動を生じさせる作用が力であった．では回転運動ではどうであろうか．日常生

4.4 回転運動と力の関係

(a) 力のモーメント　　(b) 質点の回転運動

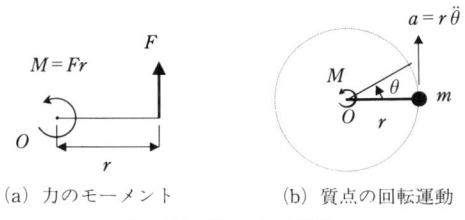

図 4.7　質点の回転運動

活の中で少々錆びついたボルトを回すときに，短い工具ではできないものが，柄の長いスパナではずせることがある．このように並進運動の力に対応して，回転運動において物体を回転させる作用を持つ量を力のモーメントといい，図 4.7(a) のように，力 F に腕の長さ r を乗じた

$$M = Fr \tag{4.8}$$

で表す．ただし力のベクトル F と腕の長さ r との角度は直角である．

回転運動の変位は，ラジアン（radian）の表示を用いて座標原点 O における角度 θ により表す．なお単位ラジアンは円弧 s の半径 r に対する比 $\theta = s/r$ を用いて，その中心角の大きさを表したものであり，全円周の角度は 2π である．その単位は，長さの比であるため無次元であるが，角度であることを強調して [rad] と書くときもある．

速度は，角速度（angular velocity）ω として θ を時間で一度微分した $d\theta/dt$（単位は [1/s] または [rad/s]）により表す．同様に加速度は，角加速度（angular acceleration）として，時間 t に関して θ を二度微分した $d^2\theta/dt^2$（単位は [1/s^2], [rad/s^2]）により示す．

いま図 4.7(b) にあるように，棒（質量は無視する）の一端に質点 m がついて他端 O を中心として回転する運動系を考え，この質点に接線方向の力 F を加える．この回転運動の慣性を考えよう．式 (4.8) のように系に回転を与える力のモーメントは F を用いて $M = Fr$ である．また質量は瞬間的に円の接線方向に直進しようとする $F = ma$ の関係があるので，$M = Fr = (ma)r$ となる．接線方向の加速度 a [m/s^2] は，ラジアンの関係から $a = r(d^2\theta/dt^2)$ であり，結局

$$M = Fr = (ma)r = mr\frac{d^2\theta}{dt^2}r = (mr^2)\ddot{\theta} = I\ddot{\theta} \tag{4.9}$$

と表される．これを回転運動の運動方程式と呼び，並進運動とは

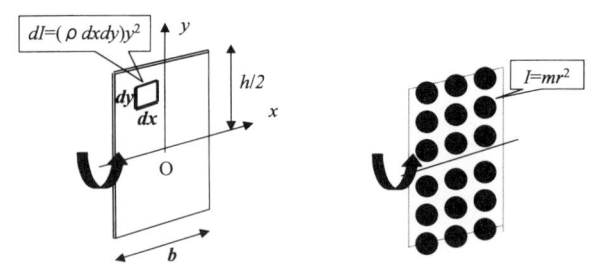

(a) 長方形板状の剛体の回転　　(b) 質点の集合体としての剛体

図 4.8　剛体の回転と慣性モーメント

並進運動：$F = m\ddot{u}$　$\Longrightarrow$　（力）＝（慣性）×（直線加速度）

回転運動：$M = I\ddot{\theta}$　$\Longrightarrow$　（力のモーメント）＝（回転慣性）×（角加速度）

のように対応するものである．ここで $I = mr^2$ は回転運動の慣性の大きさを示す量であり，慣性モーメント（moment of inertia）と呼ばれる．これから同じ質量の物体でも，回転半径を2倍にすると回転慣性は4倍になることがわかる．

【例題 4.3】 図 4.7(b) の回転系において，長さ 2 m の（質量がないとした）棒に 1 kg の質量をつけて，力のモーメント $M = 4$ Nm を加えながら回転させた．この質点が持つ回転慣性を求め，回転系の運動方程式を与えよ．また初期条件 $\dot{\theta}(0) = 0$，$\theta(0) = 0$ として，解を求めよ．

【解】 慣性モーメントは，$I = 1 \text{ kg} \times (2 \text{ m})^2 = 4 \text{ kgm}^2$．運動方程式は $4\ddot{\theta} = 4$，すなわち $\ddot{\theta} = 1$ から，1回積分すると $\dot{\theta}(t) = t + C_1$，さらにもう1回積分して $\theta(t) = (1/2)t^2 + C_1 t + C_2$ を得る．初期条件から係数 C_1, C_2 を求めて $\theta(t) = (1/2)t^2$．　■

次に形と大きさを持つ剛体の動力学を見てみよう．剛体はそれ自身が変形しない物体であるから，質点が無数に集まった定形物と考えてよく，前節のニュートンの運動法則が各質点に適用できる．剛体の並進運動を考えるときには，その重心を剛体の代表点としてとらえ，その点にすべての質量が集中して運動すると考えればよい．ところが剛体には大きさがあるため，並進運動だけでなく回転運動も考慮する必要がある．

そこで例として，図 4.8(a) にある幅 b と高さ h の寸法を持つ長方形の板状の剛体が，中心を通り辺に平行な x 軸のまわりに回転する運動を考える．剛体が質点の無数の集合体と考えると，式 (4.9) の $M = (mr^2)\ddot{\theta}$ が使え，この関係を長方形全体に適用するとよい．このためには微小要素 $dxdy$ に関する質量

$\rho dxdy$ (ρ は単位面積あたりの質量 [kg/m²]) を質点 m の代わりにとり，軸から要素までの回転半径 y を用いる．すると微小要素の慣性モーメント $dI = \rho y^2 dxdy$ を得る．板全体に関しては，微小要素の dI を全体にたし合わせればよく，その目的は長方形の領域にわたって定積分すること

$$I = \int_A dI = \iint_A \rho y^2 dxdy = \rho \int_{-b/2}^{b/2} dx \int_{-h/2}^{h/2} y^2 dy = \rho b \frac{h^3}{12} = \rho \left(\frac{bh^3}{12} \right) \quad (4.10)$$

によって達成される．

いま $\rho = 1$ とすると $I = bh^3/12$ となるが，これは材料力学のはりの曲げで学んだ長方形断面のはりの断面2次モーメント $I = bh^3/12$ と同じである．長方形物体の回転慣性を表す慣性モーメントと，はりの長方形の断面形状による曲げにくさを表す断面2次モーメントは，数学的にはまったく同じものである．回転する（曲がる）ことは共通であるが，物理的に現れる場面が違うため，異なった名称を使っている．

4.5 振動現象の力学

物体の運動の中でも，振動 (vibration) と呼ばれる現象がある．振動は物体（何かの物理量）が釣合い位置（基準値）に関して，往復的な運動をすることである．われわれの身のまわりには，携帯電話の着信を知らせる振動から，空気の粗密の振動である会話や音楽の音，さらには災害を及ぼす地震まで振動現象があふれている．連続して運転される機械には必ず回転や往復する部分があり振動・騒音を発生させているため，自動車などの機械の設計でも振動現象を考えないではすまされない．有害な振動から人間を守るとともに，振動によって生じる材料の疲労破壊を防ぐことが機械や構造物の安全上から重要である．

振動が生じるときは，必ず二つの特性が必要である．一つはニュートンの法則に出てきた慣性（質量）である．慣性を力として置き換えて表すときは，慣性力となる．その値は，運動方程式の関係から加速度に比例する大きさの力 $F = ma$ で表される．回転体の振動では，回転の運動方程式により慣性モーメント I を用いて $M = I\ddot{\theta}$ で与えられる．

振動にもう一つ欠かせないものは，復元力を与える弾性である．物体は形を保ち続けようとして，変形に抵抗する性質がある．ばねなどに見られるように，こ

の変形に抵抗しもとの形に戻ろうとする抵抗力を弾性力，形状も関連する変形抵抗の性質を剛性（stiffness）という．

　この二つが振動に必要となる．その理由は，物体が基準値からずれたときに，弾性的性質により生じる復元力が働き，もとの位置に戻り出す．しかし，基準の位置になっても物体は勢い（慣性）がついているため急には止まれず行きすぎてしまう．この動きを繰り返すことで，振動現象が生じる．振動は，慣性と弾性の間に生じる力の綱引きにより生じるといえる．

　振動は外力のかかわり方から，自由振動・強制振動・その他（自励振動など）の三つに分類される．自由振動（free vibration）は，運動中は外からの力が作用しない振動で，運動を続けるためのエネルギー補給がない．平衡（釣合い）位置から物体をずらして離したり，外力の供給を途中で停止したときに生じる．強制振動（forced vibration）は外から周期的な外力やエネルギーを与えたときに起き，その応答は外力の性質に大きく影響される．エンジンから伝わる車内の振動や，地震により揺り動かされる振動などである．その他に属する自励振動は，振動的でない外力にもかかわらず，摩擦などの非線形現象（力と変形が比例しない現象）により生じる振動である．バイオリンの弦の振動のような摩擦によるものや，飛行機の翼に流体力により生じるフラッター現象などがある．

4.6　1自由度系の自由振動

　振動を理解する基礎となる自由振動について，慣性と弾性の特性を持つ最も簡単なモデルを考える．それを図4.9に示すが，一つの変位 u だけで振動系全体の状態が表される1自由度系の振動モデルである．ここで m は質量，ばねは剛性 k を持つ線形ばねである．線形とは比例関係が成り立つという意味で，「ばねばかり」のばねのように，力と伸びが比例する．

　「自由度」とは，「ある系の運動状態を一意的（あいまいさなし）に定めるのに必要な最小限の変数の数」である．「次元」と似た用語だが，図4.10にあるように空間的には1次元（直線上）でも，多数の質量とばねが一列に並んだ系の運動を表すには，質点ごとの位置を表す多くの変数 $u_1, u_2, \cdots$

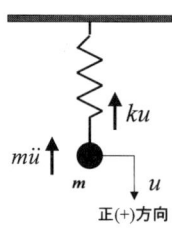

図 4.9
1自由度の非減衰振動系

4.6 1自由度系の自由振動

が必要であり，これは多自由度（n自由度）の系となる．

図4.9の系において，ニュートンの第2法則に従い，質点に関して運動方程式 $F=ma=m\ddot{u}$ を立てる．正方向（下向き）の変位 u を考えると，ばねからの復元力 ku が変位と反対向きに質点に与えられるため，運動を与える力は $F=-ku$ となる．この二つの式から運動方程式

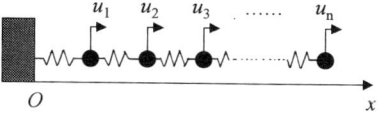

図 4.10 直線上（1次元）に並ぶn自由度系

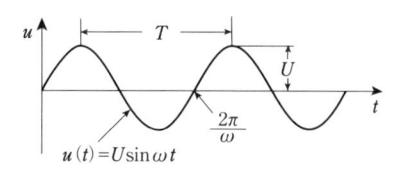

図 4.11 1自由度系の自由振動波形

$$F=m\ddot{u}=-ku \quad \text{すなわち} \quad m\frac{d^2u}{dt^2}+ku=0 \tag{4.11}$$

を得る．いまは自由振動を考えているので，復元力以外の外力はなく，右辺は 0 になる．前節で振動は慣性力と復元力の綱引きによる現象と述べた．式（4.11）において，正の変位 $u>0$ を仮定すると $m>0, k>0$ であるから常に加速度は負 $\ddot{u}=-(k/m)u<0$，すなわち質点は減速していることがわかる．

または図4.9に描いたように，復元力 ku に加えて，慣性による効果を変位に反対向きに生じる慣性力 $m(d^2u/dt^2)$ と理解して，力の釣合い

$$\sum_i f_i=(-ku)+(-m\ddot{u})=0 \tag{4.12}$$

を考えても式（4.11）と同じになる．いずれにしても運動方程式は質点に関して立てる式であり，図4.10の例では n 個の運動方程式が必要なことがわかる．

次に式（4.11）を解く．物理的現象から考えて式（4.11）に解になると考えられる関数 $u(t)=U\sin\omega t$（U：振幅）を代入して，

$$(-m\omega^2+k)U\sin\omega t=0 \tag{4.13}$$

を得る．関数 $u(t)=U\sin\omega t$ は図4.11のような波形を持っている．式（4.13）の右辺 0 が成り立つためには，$(-m\omega^2+k)=0$ か，$U=0$ か，$\sin\omega t=0$ であるが，後の二つは振動が存在しない状態になるので意味がなく，1番目の式から

$$\omega=\sqrt{\frac{k}{m}} \tag{4.14}$$

を得る．この ω は固有角振動数（natural angular frequency）といい，正弦波

で表される振動のくり返す頻度を，1秒間に進む角度（ラジアン）で示す．

固有振動数を1秒あたりの振動の繰返し回数で表したのが振動数（frequency）

$$f=\frac{\omega}{2\pi}\ [\text{Hz}]\ (ヘルツ，\text{herts})$$

である．また1回の振動に要する秒数

$$T=\frac{1}{f}=\frac{2\pi}{\omega}\ [\text{s}]\ (秒)$$

を周期（period）と呼び，図4.11に示す．

ωの式（4.14）を見ると，剛性（k）が小さく質量（m）が大きいほどωが小さい．これは，ばねが柔らかく物体が重いほどゆっくり振動する（固有振動数が小さい）というわれわれの直感に合う．

【例題4.4】 図4.9の1自由度系がある．ばねは10 Nの力で10 cm伸びる線形ばねであり，質量$m=1$ kgとするとき，その角振動数ω，固有振動数f，周期Tを求めよ．

【解】 ばね剛性は，$k=F/u=10/0.1=100$ N/mである．式（4.14）から

$\omega=(100/1)^{1/2}=10$ rad/s, $\quad f=10/2\pi=1.59$ Hz, $\quad T=2\pi/10=0.63$ s ∎

自由振動は，現実には次節で説明する減衰の効果により時間とともに消えてしまう．しかし，共振現象を引き起こす振動数など振動の特徴を決める特性が，自由振動の考察から明らかになることから重要と考えられている．1自由度振動系は最も簡単な振動モデルであるが，そこから得られる振動の考え方は多自由度系においても共通であり，現実の振動問題も1自由度系のモデルで解決することが多い．

【例題4.5】 自動車の上下の振動を，車体を$m=1500$ kgを持つ等価な質点と，ばね・車輪・タイヤ系を等価なばね$k=100$ kN/mを持つ1自由度系にモデル化した．その角振動数ω，固有振動数f，周期Tを求めよ．

【解】 $\omega=(100\times1000/1500)^{1/2}=8.16$ rad/s, $\quad f=8.16/2\pi=1.30$ Hz, $\quad T=2\pi/8.16=0.77$ s ∎

本節では1自由度系のみを扱った．2自由度以上の系では，自由度に等しい数の固有振動数が存在して，おのおのの固有振動数に対応した独自の変位の形（固有振動モード）を持つ．

4.7 減衰を考えた1自由度系の自由振動

これまで見たように，慣性と弾性があるとその運動系に振動が起きる可能性は避けられない．外力が作用しない自由振動であっても，エネルギーの消費がなければ一度始まった振動は永遠に続いていく．ところが現実には，誰もいなくなったブランコがいずれ静止するように，慣性と弾性以外の第三者がいて振動を抑える役割をしている．その振動を抑える役割，すなわち系のエネルギーを減らしながら最終的に振動を止める働きをするのが減衰（damping）である．振動が慣性力と復元力間のエネルギーの奪い合いと考えると，減衰は争いの仲裁者としての役割を果たす．

力学的には質量と剛性が明確にモデル化できるのに対して，減衰にはさまざまな要因がかかわり現象の多様性がある．その減衰モデルの中で最もよく利用されるのが，速度に比例して減衰力が生じる粘性減衰（viscous damping）と呼ばれるものである．これによる抵抗力を前節の1自由度系に加えると

$$m\frac{d^2u}{dt^2} + c\frac{du}{dt} + ku = 0 \tag{4.15}$$

となり，図4.12のように表される．ここで c は抵抗力の程度を示す粘性減衰係数（viscous damping coefficients）である．式（4.15）の解を求めるために，

$$u(t) = Ue^{st} \tag{4.16}$$

を仮定する．自由振動での解 $u(t) = U\sin\omega t$ とずいぶんと異なった形に見えるが，式（4.16）は振幅の減少や位相差など広範な挙動を含む（定数係数の同次常微分方程式の）一般解である．この式を式（4.15）に代入すると

$$U(ms^2 + cs + k)e^{st} = 0 \tag{4.17}$$

を得る．U と e^{st} は0でないため，s の2次方程式 $ms^2 + cs + k = 0$ から

$$s_1, s_2 = -\frac{c}{2m} \pm \sqrt{\left(\frac{c}{2m}\right)^2 - \frac{k}{m}} \tag{4.18}$$

が導かれ，解は

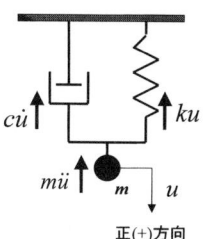

図4.12 1自由度の減衰振動系

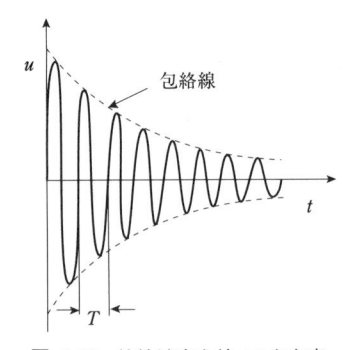

図 4.13 粘性減衰を持つ1自由度系の減衰振動

$$u(t) = C_1 e^{s_1 t} + C_2 e^{s_2 t} \quad (4.19)$$

となる.

指数関数の e は, $e=2.71828\cdots$ の値を持つ実数であり, 式 (4.19) において負の実数乗となる場合に, e^{st} は時間 t の増加とともに急速に 0 に近づき振動現象を表さない. この式が振動を表すためには, s が複素数となり, 数学のオイラーの公式 $e^{ix} = \cos x + i \sin x$ (ただし i は虚数) の関係から, 周期的変化を与える三角関数が解に含まれる必要がある.

以上から解 (4.18) の判別式の値によって, 減衰自由振動は

(1) $D = c^2 - 4mk > 0 \implies$ 負の 2 実根 $s_1, s_2 < 0$
    $\implies$ 過減衰 (減衰が強すぎて振幅が急速に減少し振動しない)
(2) $D = c^2 - 4mk = 0 \implies$ 負の重根 $s_1 = s_2$
    $\implies$ 臨界減衰 (過減衰から振動への臨界点で振動はしない)
(3) $D = c^2 - 4mk < 0 \implies$ 実部が負となる複素根 s_1, s_2
    $\implies$ 減衰振動 (しだいに振幅が小さくなる振動)

に分類される.

上の (3) 減衰振動 (damped vibration) の場合, 式 (4.18) の 2 根は

$$s_1, s_2 = -\frac{c}{2m} \pm i\omega_d, \qquad \omega_d = \sqrt{\frac{k}{m} - \left(\frac{c}{2m}\right)^2} \quad (4.20)$$

となり,

$$u(t) = U e^{-(c/2m)t} \sin(\omega_d t + \phi) \quad (4.21)$$

を得る. ここで U と ϕ は初期条件で決まる定数で ϕ は位相 (減衰による振動の遅れ), $\sin(\omega_d t + \phi)$ は振動成分, ω_d は減衰固有角振動数である. $U e^{-(c/2m)t}$ は, 図 4.13 のように振動が減衰していく程度を示す波形の包絡線となる.

上記 (2) の臨界減衰の値は, $D = c^2 - 4mk = 0$ から $c = c_c = 2\sqrt{mk}$ となり, 臨界減衰定数と呼ばれる. これを使い系の減衰の程度を, c_c を基準にした減衰比 (damping ratio) $\zeta = c/c_c = c/2\sqrt{mk}$ により表す.

4.8　振動的な外力を受ける1自由度系の応答

これまでは自由振動の性質であったが，振動的な外力 $F_0 \sin \Omega t$ が作用する場合を考えると，その力の項を右辺に加えて

$$m\frac{d^2u}{dt^2} + c\frac{du}{dt} + ku = F_0 \sin \Omega t \quad (4.22)$$

となる．外力を加えた場合，系ははじめ自由振動と強制振動が混合した非定常な振動を示すが，自由振動は減衰してしまう．

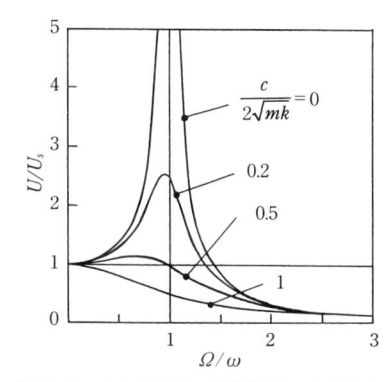

図 4.14　1自由度系の強制振動の応答倍率

紙数の関係で式は省略するが，自由振動の減衰後に得られる定常的な振動の振幅比を図 4.14 に与える．横軸は系の固有振動数 ω に対する外力の振動数 Ω の振動数比 (Ω/ω)，縦軸は静変形 $(U_s = F_0/k)$ を基準にした振動応答の振幅 U の比 (U/U_s) を示す．縦軸の $U/U_s = 1$ は，ゆっくりと F_0 の力をかけたときの静的変位で，これより U/U_s が大きい値であれば動的な効果により振幅が増大することを示す．減衰比は $\zeta = c/2\sqrt{mk} = 0, 0.2, 0.5, 1$ とした．

図のように，外力振動数 Ω と固有振動数 ω が一致する共振点 $(\Omega/\omega = 1)$ 付近では振幅が大きくなる（非減衰 $c=0$ では ∞）が，その程度は減衰比によって大きく異なっており，共振点より右では振幅が静的変位よりもしだいに小さくなる．

図 4.14 のように横軸に振動数をとって応答特性を表すのを周波数（振動数）応答，図 4.13 のように横軸に時間経過をとるのを時刻歴応答と呼び，機械力学や制御工学に使われる二つの代表的な表示法である．

振動対策として強制振動を抑えるためには，減衰を大きくすること，および外力振動数を固有振動数から遠ざけて共振させない方法が基本である．このほか，動吸振器をつけて受動的な制振を行うか，制御装置をつけて能動的に振動を抑えこむなどの方法がある．

まとめ

本章では機械力学（動力学）の基礎的な事項について触れた．この分野で扱うテーマには，ほかに摩擦や衝突の問題，多自由度系の考えを拡張した棒（はり），平板，シェル（殻）などの連続体の振動問題，衝撃や地震の加振を受ける系の過渡的な応答，材料や変形の非線形性が含まれる振動問題がある．またカオス現象を示す振動や，熱や流体を含んだ振動系や波動・音響問題がある．より実用的な面では，往復機械や回転機械，車両の運動などの問題があり，最近では振動を抑えるための制振技術や，制御技術と関連したアクティブ振動制御の研究がさかんである．またロボットアームの動力学や宇宙構造物の運動，それらに適用されるマルチボディダイナミクスなど新しい領域が発展を続けている．

5

機構学（メカニズム）

　石油，天然ガス，水力，風力，原子力，太陽熱など自然界に存在するいろいろなエネルギーを有効利用したり，生活に役立つものを作るために「機械の設計」を行う．機械には簡単なものから非常に複雑な動きをするものまであるが，その目的を達するためには，機械にいかなる運動が必要か，どのような構造にするか，部品の組み合わせをどうするかなどいろいろ調べることが大事である．このように，機械の骨組みについて調査・研究する学問が「機構学」である．

5.1 機構と機械

a．機構
　一般に機構はいくつかの物体の組み合わせからなり，ある一つの物体に運動を起こさせるとき，他の物体がそれに応じて運動をするような仕組みをいい，実際にはリンク機構，カム機構，歯車機構，ベルト伝動機構などがあり，これらを適当に組み合わせて機械ができあがる．

b．機械の簡単な定義
　われわれは1日中何かの機械に取り囲まれて生活している．そのとき人工的に作られたもので，われわれの望む運動をしたり，役に立つものを漠然と"機械"と考えている．機械の概念は社会状況や時代によって違っており，いつの世にも通じる機械の定義を厳密に行うことは難しいが，機械工学分野においてよく用いられるものにルーロー（F. Reuleaux, 1829―1905）が提示した「ルーローの定義」がある．すなわち，機械の条件として次の四つをあげている．メカトロニクス，ロボットをはじめ情報・通信，制御関連の精密機器がたくさん存在する現在

からいうと狭い意味の機械を指しているにすぎないが,「機械とは何か？」といわれたときに, とても参考になる定義である.
 (1) 複数の物体の組み合わせで構成されている.
 (2) 物体は, 伝えられる力に抵抗できる強さを有する.
 (3) 物体は限定された相対運動をする.
 (4) エネルギーを変換, 伝達し, 有効な機械的仕事をする.

したがって, 多数の物体からできていても相互に運動のない橋や鉄塔などは機械といわず構造物とされる. また, はさみやペンチは四つの条件を満足しているが機械とはいわれないで, 道具とされる. さらに, 各種のメータや測定器などは一見機械のように思われるが, 有効な仕事をしているわけでなく人間の感覚の補助

「機」と「械」

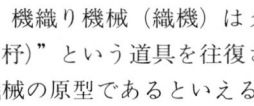

◆

"機"は機織りの"機"を意味する. 機織り機械（織機）はタテ（経）糸をたくさん並べておいて, その間を"ひ（杼）"という道具を往復させてヨコ（緯）糸を通し, 布を織るもので, まさに機械の原型であるといえる. なお, "機"は"幾（小さなものの意）"が集まって, ある仕掛け（からくり）によって動くもので, "からくり"の"から"は絡むの"から"で, 巻き付けるの意. 一方, "くり"はくり出すの"くり"で, 回して順ぐりに引き出すの意. すなわち, 巻き付けたのち, 繰り出す仕掛けを"からくり"といい, "機り"の文字をあてることがある.

一方, "械"は"戒"に通じ, 人間の行動を戒めるための"手かせ", "足かせ"などの拷問の道具を表している. 機械の歴史を見ると, 機械が拷問のために使われた歴史がある. たとえば, ギリシャ時代に脱臼を治す機械が発明され便利だと評判になったが, 中世には逆に"脱臼させる"ためにこれを使った. すなわち, 機械には便利な面と戒めの面があるということである. 昨今の自動車事故, 航空機事故, 船舶事故, 石油プラント事故, 原子力プラント事故などは, まさしく人類全体に対する"戒め"ではないだろうか. 中国の書,『荘子』の一文に「機械あれば機事あり, 機事あれば機心あり」という言葉がある. すなわち, 機械にあまり頼りすぎると機械のような心になってしまう. 常に便利さを追い求めるのではなく, 戒めの側面にも十分配慮しなければいけない, ということである.

をしているだけなので,器具と呼ばれる.しかしながら,これらの器具は外部に何ら機械的仕事をしていないが,情報の変換,伝達といった形で人間に有用な働きをしている.この働きを仕事とみなし,今日では器具も機械と広義に解釈されることがある.

5.2 機素と対偶

機構の中の各物体はふつう機素(エレメント)といわれ,互いに接触しつつ一定の相対運動を行うように拘束されている.この拘束は物体が面,線または点による接触によって生じる.図5.1, 5.2に示すように,この接触部分を対偶素といい,接触部分の一対の組み合わせを対偶(ペア)という.電球とソケット,空気入れの筒とピストン,扉のちょうつがいなどが対偶の好例である.

a. 接触方法による対偶の分類

図5.3のように,同一面を対偶素としながら互いに接触している対偶を低次対

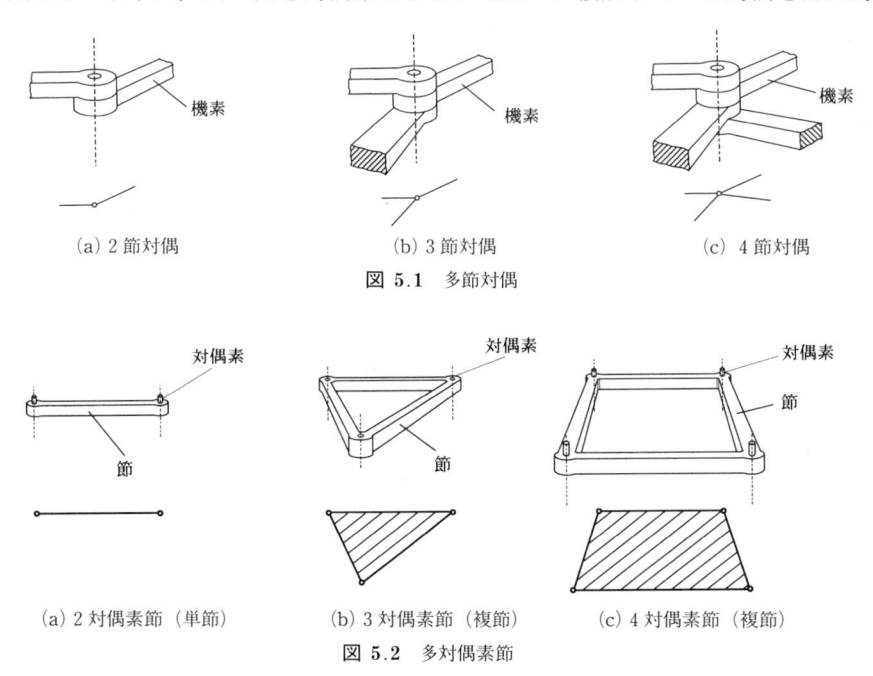

(a) 2節対偶　　(b) 3節対偶　　(c) 4節対偶

図 5.1　多節対偶

(a) 2対偶素節(単節)　　(b) 3対偶素節(複節)　　(c) 4対偶素節(複節)

図 5.2　多対偶素節

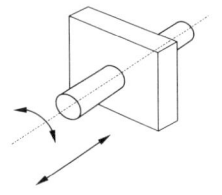

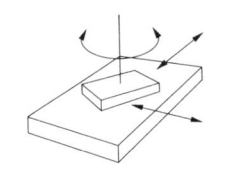

(a) 円筒対偶（自由度 2）　　(b) 平面対偶（自由度 3）

図 5.3　低次対偶

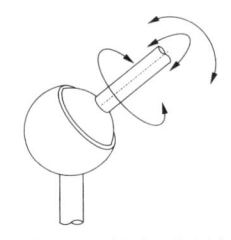

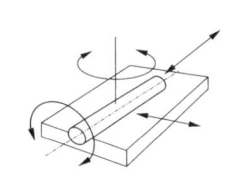

(a) 球面対偶（自由度 3）　　(b) 平面-円筒対偶（自由度 4）

図 5.4　高次対偶

偶（面対偶）といい，すべりの相対運動を行う．また，図 5.4 のように線または点で接触している対偶を高次対偶（線点対偶，面なし対偶）と称し，すべりと転がりの二つの相対運動を行う．

b．運動拘束性による対偶の分類

1種類の動きしかできないように拘束した対偶を限定対偶（拘束対偶）という．限定対偶には図 5.5 に示すように，敷居の上を障子やふすまが滑っていくようなすすみ対偶（直進対偶，すべり対偶，往復対偶）をはじめ，軸線方向に移動しないように両側につばをつけたまわり対偶（回転対偶），さらにボルトやナットに代表されるねじ対偶がある．一方，2種類以上の動きができる対偶を不限定

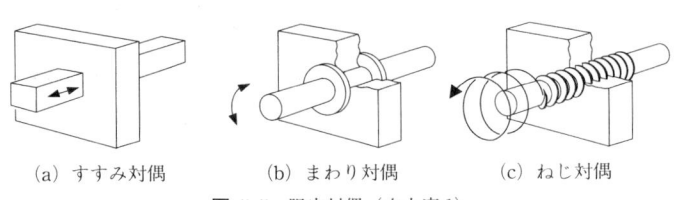

(a) すすみ対偶　　(b) まわり対偶　　(c) ねじ対偶

図 5.5　限定対偶（自由度 1）

対偶（無拘束対偶）という．

c．自由度による対偶の分類

対偶の動きが拘束され，たとえば一つの動きしかできない対偶を自由度1の対偶という．このように，対偶の運動のでき方を表すために"自由度 (f)"という用語を使う．空間に置かれた機素は三つの軸に平行な3通りの並進運動と3つの軸に関する3通りの回転運動，合わせて6通りの運動が可能，すなわち自由度6を持っている．ところが，機素の運動が何らかの拘束条件によって制限される場合には，その拘束の数だけ自由度が減少するので，通常，対偶の自由度は5から1までの値となる．自由度5の対偶などは空間機構に使われる．

5.3 節 と 連 鎖

二つ以上の対偶素を持っている機素で相対運動をしない部分を節（リンク）という．この節が対偶を構成する際に，集まっている節の数によって，図5.1に示すように2節対偶（2重対偶：n_2），3節対偶（3重対偶：n_3），4節対偶（4重対偶：n_4）などと呼ばれる．この節が対偶によって次々とつながり，最後の節が再び最初の節と対偶をなして環状に組み合わさった閉回路を連鎖という．すなわち，連鎖を構成する一つ一つの機素が節である．

a．節の分類

連鎖は閉回路であるから，それを構成する各節は必ず2個以上の対偶素を持たなければならない．図5.2に示すように，対偶素の数によって，2個の対偶素を持つ節を単節（2対偶素節：m_2），3個以上の対偶素を持つ節を複節（3対偶素節：m_3，4対偶素節：m_4，……）という．

b．連鎖の動き

図5.6に示すように，自由度1の対偶を持つ3個の対偶と3個の単節からなる連鎖（図(a)）では，各節の相対運動は不可能である．このような連鎖を固定連鎖という．固定連鎖はトラスとも呼ばれ，土木建築の構造物によく用いられる．また，4個の対偶と4個の単節からなる連鎖（図(b)）は，各節が一定の相対運

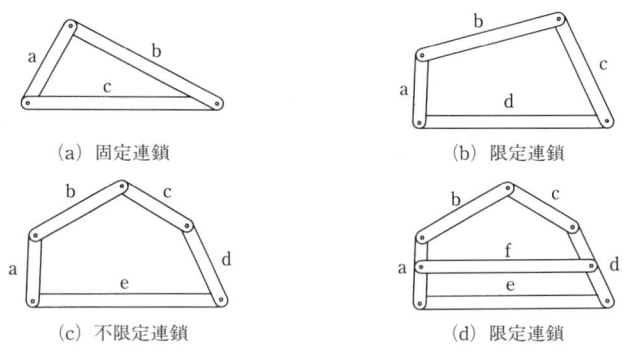

(a) 固定連鎖
(b) 限定連鎖
(c) 不限定連鎖
(d) 限定連鎖

図 5.6 連鎖の種類

動を行うことができ，1節に運動を与えれば残りすべての節の運動は一義的に決まり，限定連鎖（拘束連鎖）という．一方，5個の対偶と5個の単節が組み合わされた連鎖（図(c)）では，運動を一義的に決めることができないので，不限定連鎖（無拘束連鎖）といい，機械としては使用することはできない連鎖である．ただし，不限定連鎖であっても，図(d)のように節aとdを結ぶ新しい節fを入れると限定連鎖になることがある．

5.4 連鎖の動き方の判定法

機械に利用される連鎖は，作りやすさと動作の簡単さからほとんどすべて平面運動する連鎖である．連鎖が限定連鎖であるかどうかは，機械が予想した動きをするかどうかに関係しており，そのことを知ることはとても大切である．

図5.6に示す2次元空間にある連鎖においては，低次対偶の総数を J とし，単節の総数を M とすれば，次のような判定式に基づいて連鎖の動き方を調べることができる．

$$M > 2J - 4 \quad (固定連鎖) \tag{5.1}$$

$$M = 2J - 4 \quad (限定連鎖) \tag{5.2}$$

$$M < 2J - 4 \quad (不限定連鎖) \tag{5.3}$$

ここで，$M = n_2 + 3n_3 + 5n_4 + \cdots$，$J = m_2 + m_3 + m_4 + \cdots$

5.5 連鎖の自由度解析（平面運動連鎖）

連鎖においても運動の仕方，可能性を表すために，"自由度(F)"という用語を用いる．

いま，k個の節で構成される平面運動連鎖において，一つの基準の節に対して他の$(k-1)$個の節が平面上を自由に動けるなら，それぞれの節は自由度3（並進運動2，回転運動1）なので，連鎖全体の自由度は$3(k-1)$となる．しかし，実際の連鎖は対偶でつながっているため，いくつかの自由度が失われる．すなわち，自由度1の対偶で節をつなげば節の運動の自由度は3から1に減じ，失われる自由度は2である．また，自由度2で対偶をなしている節の自由度は3から2となり，自由度が1減少する．ここで，連鎖に存在する自由度1および自由度2の対偶の数をそれぞれp_1, p_2とすれば，連鎖全体で失われる自由度は"$2p_1+p_2$"となる．したがって，最終的に連鎖に残る自由度Fは次式で計算される．

$$F=3(k-1)-(2p_1+p_2) \tag{5.4}$$

なお，連鎖の自由度Fを求めたとき，固定連鎖の場合は自由度$F=0$（または負．負の場合は余分な拘束があるということで，固定連鎖に変わりはない）で，限定連鎖は自由度$F=1$，さらに不限定連鎖は自由度$F\geq 2$として計算される．

5.6 連鎖の運動解析（平面運動連鎖）

連鎖の運動は一見複雑な運動をしているように見えるが，その運動を細かに眺めると，ほとんど平面運動か空間運動（球面運動，らせん運動）をしている．実際に使われている機械の多くは平面運動連鎖であることから，ここでは平面運動について考える．なお，空間運動連鎖として実用化されているのは，ねじ機構，自在継手などごくわずかである．

機構学の目的の一つは，連鎖の運動を知ることである．機素におけるある点の位置の変化を変位といい，変位が時間の関数ならば速度，加速度などは時間微分によって求められる．こうして数式を用いて運動を論ずる方法を"数理解法"といい，これに対して，連鎖の幾何学的性質を利用して作図によって運動を論ずる

方法を"図式解法"という．それぞれに特徴があり，連鎖の運動解析に有効な手段であるが，前者は非常に複雑な計算を必要とする場合があり，一方，後者では直接図上で求めることができるが多くの手計算を要する．精度を厳しくいわないときは，図式解法によってある程度満足する結果が得られる．

a．図式解法による解析
1) 運動と瞬間中心

物体が複雑な運動をしていても，ある微小時間では，物体はある点を中心に回転しているとみなすことができる．そうした瞬間ごとの回転中心を瞬間中心という．たとえば，図5.7のように，点QがA～Dの経路で運動した場合，点Aを通る瞬間にはO_Aを回転中心とする運動をする．同様に点BにおいてはO_B，点CではO_C，点DではO_Dを回転中心としている．このようなO_A, O_B, O_C, O_Dが瞬間中心である．

2) 瞬間中心の見つけ方

k節で構成される連鎖の場合，瞬間中心の総数Nはk節の中から2個を取り出して組み合わせた数，すなわち${}_kC_2$になることから

$$N = {}_kC_2 = \frac{k(k-1)}{2} \tag{5.5}$$

で表される．したがって，4節連鎖で$k=4$であれば$N=6$，$k=5$の5節連鎖ならば$N=10$の瞬間中心が存在する．k節連鎖の中で任意の3個の節を取り出し，それら3節間の瞬間中心数を求めると，$N=3(3-1)/2=3$となり，これら3個の瞬間中心は常に一直線上にある．これを「3瞬間中心の定理（ケネディーの定理）」といい，未知の瞬間中心の位置を見つけるために用いられる．たとえば，図5.8に示す4節連鎖において，瞬間中心$O_{ad}, O_{ab}, O_{bc}, O_{cd}$の四つは簡単に求められる．A, B, Cの三つの節について3瞬間中心の定理を用いると，O_{ad}, O_{ab}, O_{bd}は一直線上にあることになる．またB, C, Dの三つの節については，O_{cd}, O_{bc}, O_{bd}は一直線上にある．したがって，O_{ad}, O_{ab}を結ぶ線とO_{cd}, O_{bc}を結ぶ線との交点がO_{bd}となる．同様にして，O_{ac}を

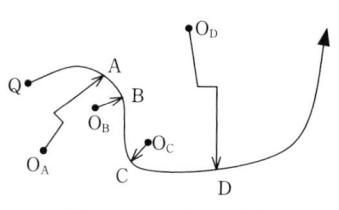

図 5.7 回転中心の移動

5.6 連鎖の運動解析（平面運動連鎖）

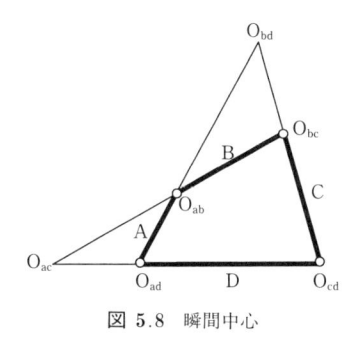

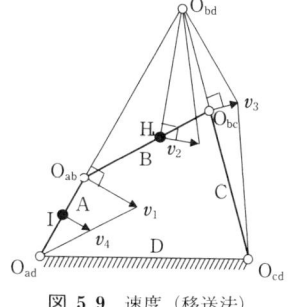

図 5.8 瞬間中心

図 5.9 速度（移送法）

求めることができる．

3) 連鎖の速度，加速度

連鎖の速度について，代表的な図式解法である"移送法"による方法を示す．この方法は，「ある点の速度は瞬間中心からの距離に正比例する」とした原理を利用したもので，4節連鎖の例を取り上げる．図5.9において，O_{ab} の速度 v_1 がわかっているとして，他の節の速度 v_2, v_3, v_4 を求めてみる．まず，節Dと節Bの瞬間中心 O_{bd} を求める．そうすると節B上の点Hの速度 v_2 は瞬間中心 O_{bd} までの距離に比例するので，次式から求めることができる．

$$v_2 = v_1 \cdot \frac{\overline{O_{bd}H}}{\overline{O_{bd}O_{ab}}} \tag{5.6}$$

また，点 O_{bc} の速度 v_3 は

$$v_3 = v_1 \cdot \frac{\overline{O_{bd}O_{bc}}}{\overline{O_{bd}O_{ab}}} \tag{5.7}$$

さらに，節A上の点Iの速度 v_4 は

$$v_4 = v_1 \cdot \frac{\overline{O_{bd}I}}{\overline{O_{bd}O_{ab}}} \tag{5.8}$$

としてそれぞれ求めることができる．

一方，加速度を求めるには"写像法"による図式解法が便利である．例として，図5.10に示す4節連鎖について，節Aが一定角速度 ω で回転するときの点 O_3 の加速度 a_3 を求めてみる．点 O_2 の加速度は，節Aが回転一定のため法線加速度 a_{2n} だけが存在する．したがって，a_3 を求めるには点 O_2 の加速度 a_{2n}（＝

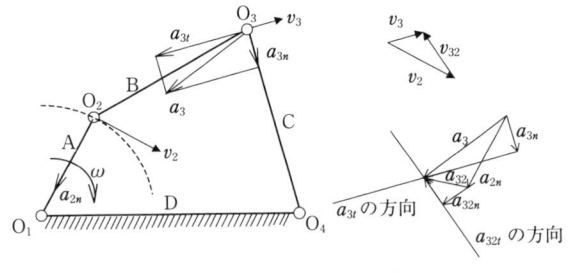

図 5.10 加速度（写像法）

$v_2{}^2/\overline{O_1O_2}=\overline{O_1O_2}\times\omega^2$) と点 O_2 に対する点 O_3 の相対加速度 a_{32} とを合成する必要がある．ところで相対加速度 a_{32} は未知であるが，その法線方向（節 B に平行方向）の分加速度 a_{32n} は，点 O_2 に対する点 O_3 の相対速度 v_{32} を求めることによって，$a_{32n}=v_{32}{}^2/\overline{O_2O_3}$ として知ることができるし，接線方向の分加速度 a_{32t} については大きさは不明であるが，方向は節 B に垂直方向であることはわかっている．一方，加速度 a_3 の法線方向分加速度 a_{3n} の方向は節 C に平行で，その大きさは $a_{3n}=v_3{}^2/\overline{O_3O_4}$ である．また，接線方向分加速度 a_{3t} は大きさ未知であるが，方向は節 C に垂直であることがわかる．そこで，これら既知の加速度 a_{2n}，a_{32n}，a_{3n} のベクトルを引き，また加速度 a_{32t}，a_{3t} の方向に a_{32n}，a_{3n} の先端より線を引いてその交点を求めれば，a_{32} および a_3 を求めることができる．

b. 数理解法による解析（ベクトル解法）

近年は，機械が高速で運転されるようになり，高い精度の解が要求されるようになっている．また，空間運動する機構も多くなり，図式解法では解析が複雑となることも多い．こうしたときに利用されるのが"解析法"で，一般に複素平面におけるベクトルを用いる．ベクトルは一般に大きさと方向を持つ量であり，これに対して，大きさを持つが方向を持たない量をスカラーという．図 5.11 に示すように，ベクトル解法では x 軸方向に実数軸をとり，y 軸方向に虚数軸をとった複素平面でのベクトルを複素ベクトルと定義し，この複素ベクトルによって変位，速度，加速度

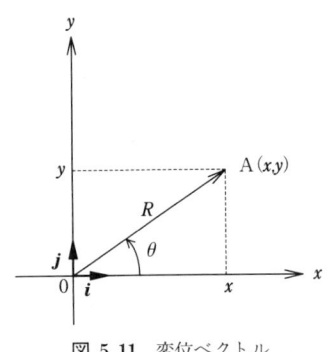

図 5.11 変位ベクトル

を解析する．たとえば，平面運動する点 A の変位ベクトルを $\boldsymbol{R}$ とすると，直交座標では

$$\boldsymbol{R} = x\boldsymbol{i} + y\boldsymbol{j} \tag{5.9}$$

ここで，$\boldsymbol{i}, \boldsymbol{j}$ は x, y 軸方向の単位ベクトルで，$\boldsymbol{i} = 1$，$\boldsymbol{j} = \sqrt{-1}$（虚数）を表す．また，変位ベクトルを極座標 (r, θ) で表すとすれば

$$x = r\cos\theta, \quad y = r\sin\theta, \quad e^{j\theta} = \cos\theta + j\sin\theta \quad \text{（ドモアブルの定理）} \tag{5.10}$$

なので

$$\boldsymbol{R} = r\cos\theta + jr\sin\theta = re^{j\theta} \tag{5.11}$$

となる．この形式はベクトルの長さ r と方向 θ が一つの項に含まれているので，取り扱いがとても便利である．

連鎖におけるある点の変位ベクトル $\boldsymbol{R}$ が与えられると，その点の速度ベクトル $\boldsymbol{V}$ は変位ベクトル $\boldsymbol{R}$ を時間微分すればよく

$$\boldsymbol{V} = \frac{d\boldsymbol{R}}{dt} = \frac{d(re^{j\theta})}{dt} = \dot{r}e^{j\theta} + j\dot{\theta}re^{j\theta} \tag{5.12}$$

となり，右辺第 1 項は速度ベクトル $\boldsymbol{V}$ の $\boldsymbol{R}$ 方向成分（半径方向成分）を，第 2 項は $\boldsymbol{R}$ と直角方向の成分（接線方向成分）を表している．また，加速度ベクトル $\boldsymbol{A}$ は速度ベクトル $\boldsymbol{V}$ をさらに時間微分して

$$\boldsymbol{A} = \frac{d\boldsymbol{V}}{dt} = (\ddot{r} - r\dot{\theta}^2)e^{j\theta} + j(r\ddot{\theta} + 2\dot{r}\dot{\theta})e^{j\theta} \tag{5.13}$$

で表される．右辺第 1 項は加速度ベクトル $\boldsymbol{A}$ の $\boldsymbol{R}$ 方向成分（半径方向成分）を，第 2 項は $\boldsymbol{R}$ と直角方向の成分（接線方向成分）である．これがベクトル解法による運動解析の原理である．なお，たくさんの節から構成される機構において，各節の運動を実際に解析するためには，各節を複素ベクトルで表し，そのうち三つの節の間でベクトル方程式を作り，電子計算機を用いて計算する．

「マシーン (machine)」と「機械」

◆

英語の "machine" のもとになっているのは，下のようにギリシャ語の「$\mu\eta\chi o\sigma$」（メーコス）または「$\mu\eta\chi\alpha\nu\eta$」（メーカネー）

μ	η	χ	o	σ	μ	η	χ	α	ν	η
↓	↓	↓	↓	↓	↓	↓	↓	↓	↓	↓
Mu	Eta	Chi	Omicron	Sigma	Mu	Eta	Chi	Alpha	Nu	Eta
↓	↓	↓	↓	↓	↓	↓	↓	↓	↓	↓
M	E	C	O	S	M	E	C	A	N	E

であり，図に示すように「てこ」，「ころ（車輪）」，「くさび」，「斜面（ねじ）」，「滑車」の五つをギリシャ時代では代表的なメーコス（メーカネー）と考えていた．これが転じて，ローマ時代には，上の五つをまとめて，ラテン語で "Machina"（マキーナ）と称していた．いずれも機械とはほど遠いもので，しいてあげれば「滑車」くらいが機械といえよう．しかし，共通している点はすべて運動に関係していることである．

ところで，メーコス（メーカネー）の語源は "手段" であることから，西欧的なマシーンというのは，"運動に関連した手段＝道具" という意味合いが強い．したがって，東洋的な機械観（戒め観や機械との共生観を含む）とはいささか異なっているように思う．

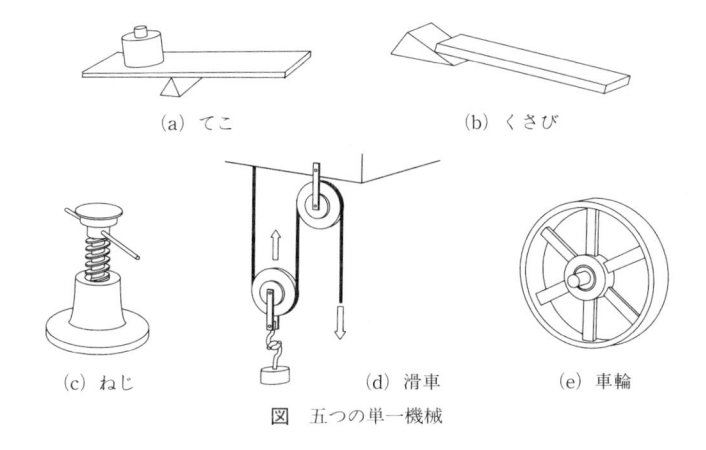

(a) てこ　　(b) くさび

(c) ねじ　　(d) 滑車　　(e) 車輪

図　五つの単一機械

6

制 御 工 学

　制御技術は現代のキーテクノロジーの一つといわれている．本章では，制御工学の基本的な部分であるフィードバック制御論の基礎をわかりやすく説明することを目的とする．

6.1 制御とは何か

　まず制御とは何であって，どのような目的で工業に用いられるかを述べる．
　部屋の暖房を考えてみよう．部屋の中に単位時間あたりに発生する熱量がダイヤルの回転角度によって変えられる熱発生器が置かれているとしよう．目的は部屋の温度を室外温度よりも高い希望の温度に保つことである．室外温度が変化せず，また窓やドアが開閉されなければ，熱発生器のダイヤル角度を経験に基づいてある値にセットすることによって目的が達成されるであろう．
　このような室内温度の操作，つまり「目的を達成するためになされる操作」を制御と呼んでいる．上の例で室外温度の変化，あるいは窓やドアの開閉があれば室温を希望の温度に保つことができない．この場合に，室温をセンサにより測定して，希望の温度との差が時間の経過とともに小さくなるように，熱発生器のダイヤル角度を自動的に操作する装置を考えることができる．このように人の操作を借りずに自動的に仕事を行う機械を自動制御装置と呼び，この装置によって一つの仕事がなされる系（システム）を自動制御系と呼んでいる．
　この室温制御系は，信号（機器の間を出入りする物理量［電圧，電流，角度，温度など］）の伝わり方に着目すると図6.1のように表される．図中のブロックは制御される対象（一般に，制御対象という）や機器を表し，矢印を持つ線分は信号で，これは矢印の向きに伝わる．ブロックへ入る信号はその入力と呼ばれ，

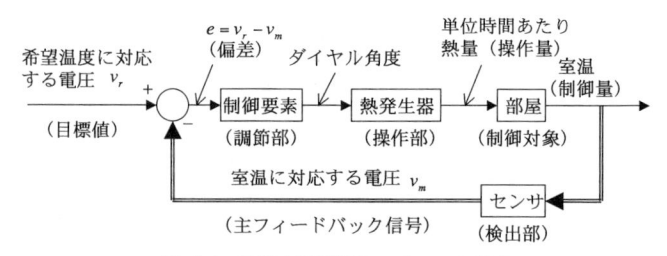

図 6.1 室温自動制御系のブロック線図

出る信号はその出力と呼ばれる．図6.1の線図をブロック線図と呼んでいる．

　図で室温は希望温度（一般に目標値という）と比較される．その差（一般に偏差という）が時間 t の経過とともに小さくなるように，熱発生器のダイヤル角度を時間関数として生成するのが制御要素の役割である．結果（室温）が原因（熱の発生）に戻される太線のような信号経路をフィードバック経路と呼んでおり，これによって外気温の変化やドアの開閉などの予期できない環境の変化（一般に，外乱という）が発生しても制御の目的が達成されるのである．フィードバック経路を持つ制御系をフィードバック制御系または閉ループ制御系と呼んでいる．一方，最初の例のようにフィードバックを持たないものをフィードフォワード制御系あるいは開ループ制御系と呼んでいる．

　産業用ロボットあるいはIC製造機では，制御量であるハンド（手）あるいはIC用ウエハのホルダを精度よく動作させることが必要とされる．このような場合にはフィードバック制御が用いられる．そのほか，人工衛星を軌道に運ぶロケットのように，不安定なシステムを安定に動作させるためにもフィードバック制御が用いられている．

　しかしながら，制御対象と制御目的が与えられたとき，ただちにフィードバック制御系を作り出せるというほどに話は簡単ではない．以下においては，制御系を作り出す（制御系の設計の）ために必要な基本的事項について紹介する．

6.2　制御システムの表し方

　産業用ロボットのハンドの回転運動を制御対象の例として，制御システムの表し方を考えてみよう．ハンドは直流モータによって回転するとすれば，その回転角度 $y(t)$ は次の微分方程式で表される（高木, 1993）．

$$\frac{d^2}{dt^2}y(t) + C\frac{d}{dt}y(t) = v(t) \tag{6.1}$$

ただし，$v(t)$ は直流モータの電機子電圧にある定数を乗じた変数，C は定数である．この制御対象の入力は $v(t)$ であり，制御量は $y(t)$ とする．

新たな入力として $u(t)$ を導入して，フィードバック制御 $v(t) = -Dy(t) + Du(t)$ を考えることにすると，制御システムの微分方程式は次のようになる．

$$\frac{d^2}{dt^2}y(t) + C\frac{d}{dt}y(t) + Dy(t) = Du(t) \tag{6.2}$$

これは一つの制御システムの表し方である．この方程式は出力 $y(t)$ について1次（線形）であって，係数が定数である．このようなシステムを線形定係数システムというが，本章ではこのようなシステムだけを扱うことにし，これを単に線形システムと呼ぶことにする．

a．伝達関数

制御システムの他の表し方を導くために，時間に関する微分を表す記号（微分演算子）s を導入しよう．つまり，sy は，dy/dt，s^2y は d^2y/dt^2，そして s^ny は d^ny/dt^n を意味する．このとき式 (6.2) は次のようになる．

$$y(t) = G(s)u(t), \qquad G(s) = \frac{D}{s^2 + Cs + D} \tag{6.3}$$

入力に対する出力の比を表す $G(s)$ をシステムの伝達関数と呼ぶ（このように表してもよい理由はここでは述べない）．一般に，伝達関数分母の s に関する最高次数が n のとき，システムは n 次であるといわれる．したがって式 (6.2) は2次システムである．

b．ブロック線図

制御システムは，式 (6.3) の伝達関数を用いて図6.2のようにブロック線図で表される．ブロック線図を構成する基本的な要素と信号の関係を図6.3に示す．またブロック線図の基本的な結合を図6.4にまとめて示す（高木，1999）．

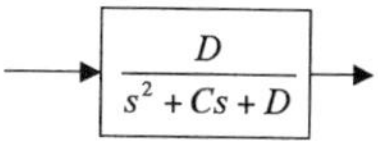

【例題 6.1】 図6.4に示す並列結合およびフィードバック結合の伝達関数 y/x を求めよ．

図 6.2 2次系のブロック線図

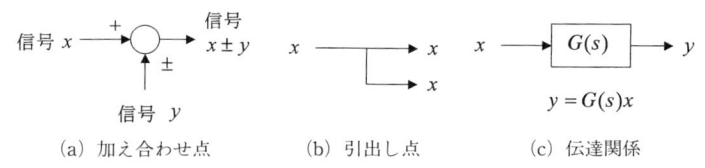

(a) 加え合わせ点 (b) 引出し点 (c) 伝達関係

図 6.3 ブロック線図の基本的な要素と信号の関係

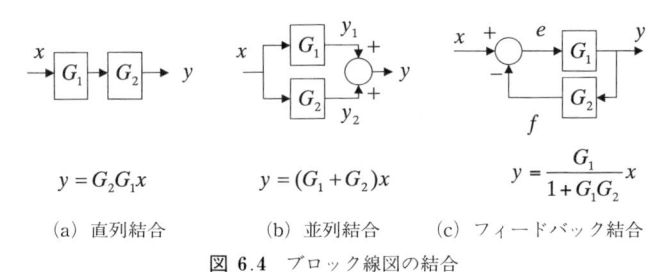

$y = G_2 G_1 x$ $y = (G_1 + G_2)x$ $y = \dfrac{G_1}{1+G_1 G_2} x$

(a) 直列結合   (b) 並列結合   (c) フィードバック結合

図 6.4 ブロック線図の結合

【解】 並列結合：ブロック線図の関係（図 6.3）を用い，次の諸式を得る．

$$y_1 = G_1 x, \quad y_2 = G_2 x, \quad y = y_1 + y_2$$

したがって，$y/x = G_1 + G_2$ である．

フィードバック結合：同様に次の諸式を得る．

$$y = G_1 e, \quad e = x - f = x - G_2 y$$

この二つの式から e を消去して，$y/x = G_1/(1+G_1 G_2)$ である． ∎

6.3 制御システムの応答

線形定係数微分方程式を加減乗除の計算だけで解く方法にラプラス変換による方法がある．前節で伝達関数を微分演算子 s を用いて表したが，この s は実はラプラス変換の変数であったのである．そこで本節では，ラプラス変換を簡単に紹介し，基本的な目標値に対する制御システムの応答（制御量の時間変化）を求め，かつラプラス変換に基づく伝達関数について述べる．

a．ラプラス変換

ラプラス変換は，時間 t の関数を s の関数（この s はラプラス変換の変数）

に変換するものである．まず，1階微分方程式の解法を例にしてラプラス変換を紹介しよう．微分方程式

$$\frac{dx(t)}{dt} = ax(t) + bu(t) \tag{6.4}$$

の初期条件を $x(0)=0$ とし，$u(t)$ は表6.1に示す単位ステップ関数であるとする．積分を使えば式（6.4）の解は次のようになる（高木，1999）．

表 6.1 簡単なラプラス変換表

$x(t)$	$X(s)$
単位インパルス関数 $\delta(t)$	1
単位ステップ関数 $1(t \geq 0)$	$\dfrac{1}{s}$
ランプ関数 $t(t \geq 0)$	$\dfrac{1}{s^2}$
放物線関数 $t^2/2$	$\dfrac{1}{s^3}$
e^{-at}	$\dfrac{1}{s+a}$
$\dfrac{d}{dt}x(t)$	$sX(s) - x(0)$
$\dfrac{d^2}{dt^2}x(t)$	$s^2 X(s) - sx(0) - \left[\dfrac{d}{dt}x(t)\right]_{t=0}$
$x(t-a)$	$e^{-as}X(s)$
初期値の定理 $\lim\limits_{t \to 0} x(t)$	$\lim\limits_{s \to \infty} sX(s)$
最終値の定理 $\lim\limits_{t \to \infty} x(t)$	$\lim\limits_{s \to 0} sX(s)$

$$x(t) = \frac{b(e^{at}-1)}{a} \tag{6.5}$$

これと同じ式をラプラス変換によって導いてみよう．式 (6.4) 両辺の各項をラプラス変換すると

s の関数	ラプラス変換 →	t の関数
$ax(t)$		$aX(s)$（sの関数は大文字にする）
$bu(t)$		$bU(s)$
$dx(t)/dt$		$sX(s)-x(0)$（表 6.1 参照）

である．初期条件を考えると式 (6.4) は

$$sX(s) = aX(s) + bU(s) \tag{6.6}$$

に変換される．$X(s)$ について解き，さらに $U(s)$ は単位ステップ関数のラプラス変換（表 6.1 参照）であることを考慮して次の式が導かれる（式の変形は例題 6.2 を参照）．

$$X(s) = \frac{b}{s(s-a)} = \frac{b}{a}\left(\frac{1}{s-a} - \frac{1}{s}\right) \tag{6.7}$$

s の関数 $X(s)$ が得られたので，これを t の関数に変換しよう．そのために次のラプラス逆変換を使う．

s の関数	ラプラス逆変換 →	t の関数
$X(s)$		$x(t)$
$1/s$		単位ステップ関数（$t \geq 0$ のとき 1）
$1/(s-a)$		e^{at}（表 6.1 参照）

したがって，式 (6.7) より

$$x(t) = \frac{b(e^{at}-1)}{a} \qquad (t \geq 0)$$

を得る．これは，式 (6.5) と一致している．

【例題 6.2】 式 (6.7) 右辺の変形を行え．

【解】 有理関数（分母分子がある変数の多項式である関数）は部分分数展開（高木，1993）が可能で，この場合 A, B を定数として次のようになる．

$$\frac{1}{s(s-a)} = \frac{A}{s} + \frac{B}{s-a} \tag{6.8}$$

A の求め方：式 (6.8) の両辺に s をかけたのちに $s=0$ とおけば，

$$\left[\frac{1}{s-a}\right]_{s=0}=A \quad \text{したがって} \quad A=-\frac{1}{a}$$

B の求め方：式 (6.8) の両辺に $s-a$ をかけたのちに $s=a$ とおけば

$$\left[\frac{1}{s}\right]_{s=a}=B \quad \text{したがって} \quad B=\frac{1}{a}$$

したがって，式 (6.7) 右辺が得られる． ■

b．ステップ応答

制御システムの応答のよさを調べるのに，目標値として表 6.1 のはじめの 4 種の関数がよく用いられる．そのほかに正弦関数も用いられる．

目標値として単位ステップ関数を与えたときのシステムの応答を単位ステップ応答と呼んでいる．制御系の単位ステップ応答は一般に図 6.5 のようである．時間が十分経過すれば応答 $y(t)$ は最終値 y_0 に収束する．このように一定値に収束するまでの応答を過渡応答といい，その性質を過渡特性と呼んでいる．一方，応答が収束した後の特性を定常特性という．

制御系の過渡特性は図の立ち上がり時間 T_r，行き過ぎ時間 T_p，行き過ぎ量 l/y_0，整定時間 T_s で表される．なお，整定時間は応答が最終値の ±5% に入ってしまうまでの時間である．T_r と T_p は立ち上がりの速さ，つまり速応性を表し，行き過ぎ量は振動の減衰の程度，つまり減衰性を表すものである．また整定時間は速応性と減衰性の両者を表す．

以下，前節で述べたハンド回転運動系の単位ステップ応答を求めてみよう．「システムの伝達関数はすべての初期値を 0 と仮定して求めなければならない」という規則がある (高木，1993)．いまの場合，$y(0)=0$ および $[dy/dt]_{t=0}=0$ である．表 6.1 を参照すれば，式 (6.2) のラプラス変換は

$$(s^2+Cs+D)Y(s)=DU(s)$$

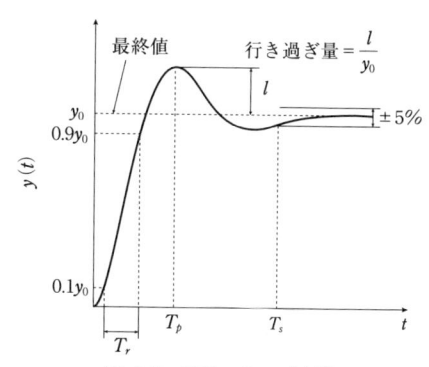

図 6.5 単位ステップ応答

である．したがって，この制御システムの伝達関数は

$$\frac{Y(s)}{U(s)} = \frac{D}{s^2 + Cs + D} \qquad (6.9)$$

であって，この右辺は s を微分演算子として扱った式 (6.3) 右辺と同一であることがわかる．しかし，式 (6.3) の s は微分演算子であるから，$y(t)$ や $u(t)$ は t の関数であり，式 (6.9) の s はラプラス変換の変数であるから，$Y(s)$ や $U(s)$ は s の関数であることに注意する必要がある．ここで述べたことは一般の線形システムにあてはまることである．

次に，$y(t)$ の単位ステップ応答を求めよう．このとき $U(s)=1/s$ である．はじめに，式 (6.9) 右辺の分母＝0 という方程式が実根（実数解）を持つ場合，すなわち

$$Y(s) = \frac{ab}{s(s+a)(s+b)} \qquad (a, b は実数：C=a+b, D=ab)$$

である場合を考える．部分分数展開（高木，1993）を用いると

$$Y(s) = \frac{1}{s} + \frac{1}{a-b}\left(\frac{b}{s+a} - \frac{a}{s+b}\right)$$

であり，表 6.1 を使って $y(t)$ は次のように求められる．

$$y(t) = \frac{1 + (be^{-at} - ae^{-bt})}{a-b} \qquad (t \geq 0)$$

式 (6.9) 右辺の分母＝0 が複素根（複素数解）を持つ場合も同様に解くことができるが，少々複雑な計算になる．そこで，ここでは数値計算の結果を示す．ふつう式 (6.9) は次のように表される．

$$\frac{Y(s)}{U(s)} = \frac{\omega_n^2}{s^2 + 2\zeta\omega_n s + \omega_n^2} \qquad (6.10)$$

つまり，$C=2\zeta\omega_n$, $D=\omega_n^2$ と置き換えたのである．定数 $\omega_n(>0)$, ζ をそれぞれシステムの固有角周波数，減衰係数と呼んでいる．これらがどのような意味を持つかは次に述べる．

図 6.6 に，ζ の正の値に対する $y(t)$ の応答を横軸に $\omega_n t$ をとって示してある．その特徴をまとめれば次のようになる．

(1) $t \to \infty$ のとき，$y(t)$ は最終値 1 に収束する．

(2) $\zeta \geq 1$ のとき，単調に最終値に近づく．

(3) $\zeta < 1$ のときには振動的になり，行き過ぎ量が生ずる．

(4) 応答の形は ζ のみによって決まる．

したがって，ζ はシステムの減衰性を，また ω_n は速応性を表すパラメータであることがわかる．

なお，1次システム（式（6.4））での速応性は応答（式（6.5））からわかるように $T(=-a, a<0)$ で表される．T が小さいほど立ち上がりが速くなることがわかる．T は時間の次元を持つことから時定数と呼ばれている．

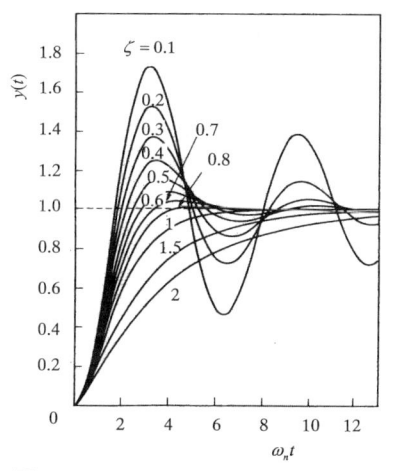

図 6.6 2次システムの単位ステップ応答

6.4 システムの安定問題

式（6.4）で表されるシステムの解（式（6.5））において，$a<0$ の場合，$t \to \infty$ のとき $x(t)$ は一定値 $-b/a$ に漸近的に近づくが，$a>0$ の場合には $x(t)$ は無限大へと発散する．前者の場合にはシステムは安定であるといい，後者の場合にはシステムは不安定であるという．まず a が何を意味するか考えてみよう．

1次システム（式（6.4））の伝達関数は式（6.6）より次のようになる．

$$\frac{X(s)}{U(s)} = \frac{b}{s-a}$$

つまり，a はシステムの伝達関数の分母＝0 という方程式の根であることがわかる．一般に伝達関数の分母＝0 という方程式をそのシステムの特性方程式といい，その根をシステムの特性根（または極）と呼んでいる．つまり，a は1次システムの特性根である．

一般に n 次システムの特性方程式は n 次であり，n 個の特性根を持つ．すべての特性根の実部が負であるときに限りそのシステムは安定であるといわれる

(高木, 1993).

2次システム（式 (6.3)）の特性方程式は

$$s^2 + Cs + D = 0 \tag{6.11}$$

である．システムが安定であるための必要十分条件は

$$C > 0 \quad \text{かつ} \quad D > 0 \tag{6.12}$$

であることは容易に確かめられる．

一般に n 次システムに対して，特性方程式を直接解かずにシステムが安定かそうでないかを判定（安定判別という）する方法に，ラウス-フルビッツの方法やナイキストの方法がある．これについては他書を参照されたい（高木, 1993）．

6.5 制御のよさ

制御システムは第一に安定でなければならない．次に定常特性がよいこと，さらには過渡特性のよさが要求される．

a. 定常特性

基本的なフィードバック制御系のブロック線図を図6.7に示す（図6.1と比較されたい）．図で，$R(s), Y(s), E(s)$ および $D(s)$ はそれぞれ目標値，制御量，偏差および外乱のラプラス変換である．また $G_p(s), G_c(s)$ はそれぞれ制御対象，制御要素（制御器）の伝達関数，$H(s)$ はフィードバック伝達関数（検出部の伝達関数）である．さらに $G_p(s)G_c(s)$ は前向き伝達関数，$G_p(s)G_c(s)H(s)$ は開ループ伝達関数といわれる．フィードバック制御系の伝達関数 $Y(s)/R(s)$，つまり

$$\frac{Y(s)}{R(s)} = \frac{G_p(s)G_c(s)}{1 + G_p(s)G_c(s)H(s)} \tag{6.13}$$

は閉ループ伝達関数とも呼ばれる．

検出部の時定数は前向き伝達関数のそれよりもかなり小さく選ばれるのがふつうであるから，$H(s)=1$ とみなして基本的な制御系を図6.8のように表すことも多い．図6.8の制御系は直結（あるいは単位）フィードバック制御系といわれる．以下この制御系について考察するが，まず定常特性を考える．

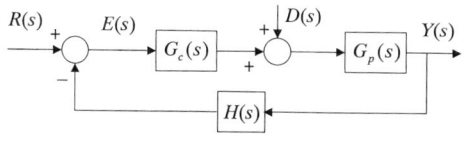

図 6.7 フィードバック制御系

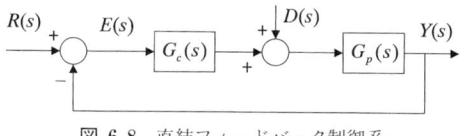

図 6.8 直結フィードバック制御系

目標値や外乱が変化すると制御量はそれに従って変化するが，制御系が安定であれば，時間が十分に経過したのちに制御系はある定常状態に落ち着く．そのときの偏差を定常偏差と呼んでいる．これは0であることが望ましいが，制御系の構成や目標値，外乱の変化の仕方によっては0にならない．

図 6.8 のブロック線図から偏差 $E(s)$ は次のように求まる．

$$E(s)=\frac{1}{1+G_p(s)G_c(s)}R(s)-\frac{G_p(s)}{1+G_p(s)G_c(s)}D(s) \qquad (6.14)$$

この式からわかるように，偏差は目標値と外乱の両者の影響を受ける．ラプラス変換に関する表 6.1 の最終値の定理を使えば，目標値あるいは外乱に基づく定常偏差は次のように求められる．

目標値に基づく定常偏差 e_r : $\displaystyle e_r=\lim_{s\to 0}\frac{sR(s)}{1+G_p(s)G_c(s)}$ (6.15)

外乱に基づく定常偏差 e_d : $\displaystyle e_d=\lim_{s\to 0}\frac{sG_p(s)D(s)}{1+G_p(s)G_c(s)}$ (6.16)

1) 目標値に基づく定常偏差

開ループ伝達関数 $G_0(s)=G_p(s)G_c(s)$ が因子 $1/s^m$ を持つ，つまり原点に m 個の極を持つとき，フィードバック制御系（図 6.8）は目標値に関して m 形の制御系であるといわれる．実は，開ループ伝達関数が原点に多くの極を持つほど，目標値に基づく定常偏差は小さくなることが知られている（高木, 1993）．目標値を単位ステップ関数，ランプ関数および放物線関数（表 6.1 参照）として，このことを確認することにしよう．

表6.1より目標値は次のように表される．

$$r(t) = \frac{t^n}{n!} \quad (n=0,1,2,\cdots), \qquad R(s) = \frac{1}{s^{n+1}} \qquad (6.17)$$

ここに，$n!$ は n の階乗と読み，$0!=1$，$n!=1\times 2\times\cdots\times n$ である．また，開ループ伝達関数は原点に m 個の極を持つとする．つまり，

$$G_0(s) = G_p(s)G_c(s) = \frac{F(s)}{s^m} \qquad (6.18)$$

ただし，有理関数 $F(s)$ は因子 s を持たないとする．式 (6.17)，(6.18) を式 (6.15) に用いて次の式を得る．

$$e_r = \frac{\lim_{s\to 0} s^{m-n}}{F(0)} \qquad (6.19)$$

右辺の計算を実施して次の結果が得られる．

$$e_r = \begin{cases} 0 & (m>n) \\ 1/F(0)\,;\text{有限値} & (m=n) \\ \infty & (m<n) \end{cases} \qquad (6.20)$$

この式から m 形の制御系は目標値 t^m に対して定常偏差が有限値になることがわかる．

s が物理的には微分器を表すことから，原点にある極 $1/s$ は積分器を表すことがわかる．つまり，$(1/s)x(t)$ は $\int x(t)dt$ を意味する．したがって，制御系の前向き経路（図6.8の $E(s)$ から $Y(s)$ までの経路）が積分器 $(1/s)$ を直列に多く持つほど定常偏差は小さくなるといえる．

2) 外乱に基づく定常偏差

目標値に基づく定常偏差と同様に検討することができるので，結果だけを示す．この場合には開ループ伝達関数ではなく制御器 $G_c(s)$ が m 個積分器を持てば，制御系は外乱に関して m 形になる．つまり，外乱を t^n とすれば定常偏差は次のように求められる．

$$e_d = \begin{cases} 0 & (m>n) \\ \text{有限値} & (m=n) \\ \infty & (m<n) \end{cases} \qquad (6.21)$$

b. 過渡特性

制御系を設計する一つの基本は，過渡特性が2次システムの標準形（式（6.10））で近似できるようにすることである（高木，1993）．このようにすれば，式（6.10）右辺の固有角周波数 ω_n，減衰係数 ζ はそれぞれ制御系の速応性，減衰性を表すことになる．

また，制御系の単位ステップ応答は2次システムのそれ（図6.6）で近似できる．行き過ぎ量および行き過ぎ時間を，横軸に減衰係数 ζ をとって図6.9に示す．図から，減衰性をよくすると（行き過ぎ量を小さくすると）速応性が悪くなる（行き過ぎ時間が長くなる）ことがわかる．つまり，一般に減衰性と速応性は，一方をよくすると他方が悪くなるという関係（二律背反の関係）にある．

したがって，制御系を設計する場合には，この両者を適当に満足する妥協点を見つけることが重要である．この妥協点に関する一つの答えを与えてくれるのが，整定時間である．整定時間 T_s を，横軸に ζ をとって図6.10に示す．T_s は $\zeta = 1/\sqrt{2} = 0.707$ の近くで最小値をとる．すでに述べたように T_s は減衰性と速応性の両者を示すものであり，$\zeta = 0.707$ に対する行き過ぎ量は0.0432程度の小さい値であることから，$\zeta = 0.707$ は最適減衰係数と呼ばれている．

なお，2次のフィードバック制御系の減衰係数は，経験的に追値制御（目標値が時間的に変化する制御系）および定値制御（目標値が一定値である制御系）に対して次の範囲に選ぶのがよいとされている．

追値制御：$\zeta = 0.6 \sim 0.8$ (6.22)

定値制御：$\zeta = 0.2 \sim 0.4$ (6.23)

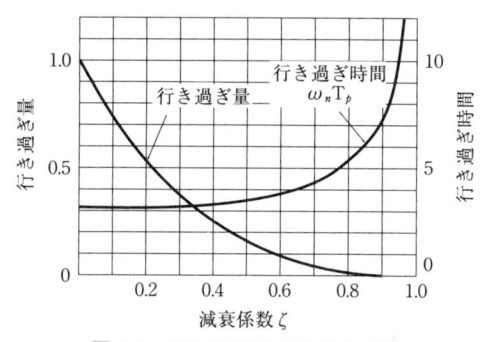

図6.9 行き過ぎ量と行き過ぎ時間

図 6.10 整定時間

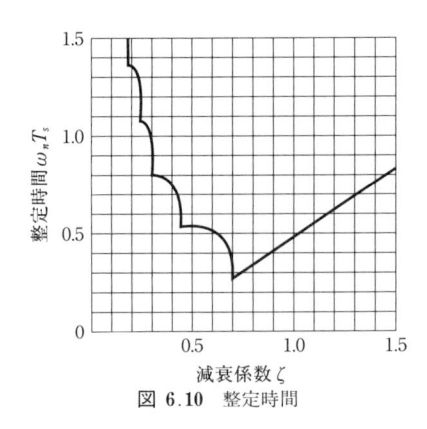

c．周波数応答

制御系の応答のよさを調べるために，目標値として正弦波を使う方法もよく用いられる．線形システムに入力として正弦波を与えると，システムが安定であれば，出力は十分時間が経過したのちに入力と同じ周波数，異なる振幅および異なる位相を持つ正弦波に落ち着くことが知られている．いま，制御系の伝達関数を $W(s)$ とし，目標値として正弦波 $r(t)=a\sin\omega t$ を与えたとき，制御量は定常状態において次のようになる（高木，1993）．

$$y(t)=a|W(j\omega)|\sin\{\omega t+\arg W(j\omega)\} \tag{6.24}$$

ここに，$|W(j\omega)|$ は $W(s)$ において $s=j\omega(j=\sqrt{-1})$ とおき，その絶対値をとったものである．$\arg W(j\omega)$ は複素数 $W(j\omega)$ の偏角である．

式 (6.24) は次のことを意味する．伝達関数 $W(s)$ の出力振幅を入力振幅で割ったものを伝達関数のゲインと呼び，入力に対する出力の位相差を位相と呼ぶが，これらは次のようである．

$$\text{ゲイン：}|W(j\omega)|, \quad \text{位相：}\arg W(j\omega) \tag{6.25}$$

周波数 ω を 0 から ∞ まで変化させたときのゲインと位相の全体を周波数応答という．これは伝達関数と等価であり，システムの一つの表し方と考えることもできる．周波数応答はナイキスト線図，ボード線図などの線図で表されるが（高木，1993），詳細は省略する．なお，ボード線図は横軸に周波数 ω の常用対数をとり，縦軸にゲインの対数量 $20\log_{10}|W(j\omega)|$ をとったゲイン線図および縦軸に位相をとった位相線図からなる．ゲインの対数量の単位は dB（デシベル）である．

フィードバック制御系のボード線図は一般に図 6.11 のようになる．図に示すピークゲインは制御系の減衰性を表し，ピーク周波数 ω_p および帯域幅 ω_b は速応性を表すことが知られている（高木，1993）．

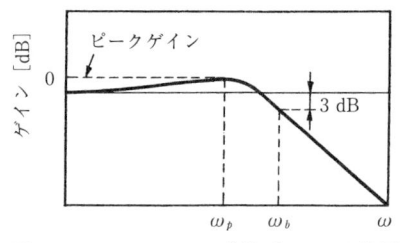

図 6.11 フィードバック制御系のボード線図

6.6 制御システムの設計

以上,制御工学の設計を除いた基本事項について簡単に述べてきた.本節では,これまでの知識によって実行できる基本的な制御系設計の一例を紹介することにしよう.制御対象および制御目的を次のとおりとする.

制御対象の伝達関数:$G_p(s) = \dfrac{1}{s+10}$

制御目的:(1) 目標値に関して1形の制御系
(2) 制御系の極 $-21.2 \pm j21.2$

この制御目的(1)は定常特性に関する要求(設計仕様という)であり,(2)は過渡特性に関する仕様である.与えられた制御系の極から制御系の特性方程式を導くと次のようになる.

$$s^2 + 42.4s + 900 = s^2 + 2 \times 0.707 \times 30s + 30^2 = 0 \qquad (6.26)$$

つまり仕様(2)は,制御系が2次であり,その減衰係数を0.707(最適減衰係数)に,固有角周波数を30として与えたことを意味している.

さて,図6.12に示す制御系を考えてみよう.信号 $V(s)$ から $Y(s)$ までの伝達関数は図6.4のフィードバック結合から,

$$\frac{Y(s)}{V(s)} = \frac{1/(s+10)}{1 + \{K_1/(s+10)\}} = \frac{1}{s + K_1 + 10}$$

である.これを使えば,制御系の伝達関数は次のように求められる.

$$\frac{Y(s)}{R(s)} = \frac{K_2/\{s(s+K_1+10)\}}{1 + K_2/\{s(s+K_1+10)\}} = \frac{K_2}{s^2 + (K_1+10)s + K_2} \qquad (6.27)$$

前向き伝達関数は $K_2/s(s+K_1+10)$ であり,積分器を1個持っているので制御目

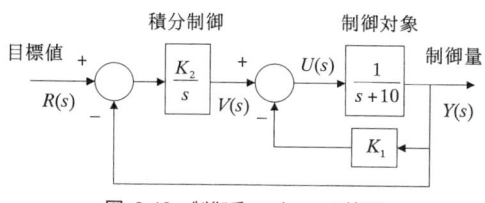

図 6.12 制御系のブロック線図

的の (1) は満たしている．

式 (6.27) より制御系の特性方程式は次のようになる．

$$s^2(K_1+10)s+K_2=0$$

これと式 (6.26) とは同一の式であるから，両式の係数を比較して制御器の係数は次のように決められる．

$$K_1=32.4, \quad K_2=900$$

これで制御目的を満たす制御系が設計できたことになる．

この例のように制御系の極（特性根）を与えて，これを満たすような制御系を構成する方法を極指定制御法（極配置制御法）と呼んでいる．そのほか制御系設計の基本的な方法は多い．それらについては他書を参照されたい（高木，1993）．

7

流 体 力 学

　流体力学は材料力学, 熱力学とともに3力学と呼ばれるものの一つであり, 工学のあらゆる分野に関連を有する最も基本的, かつ, 重要な学問分野である. ここでは, 大学などで流体力学を学ぶにあたって最低限修得することが求められる基礎的知識を概説する.

7.1 流体とは何か

　一般的に, 流体 (fluid) とは空気などの気体 (gas) や水や油などの液体 (liquid) のことであり, 力学的には外力が加わったときに自由に変形するものの総称である. 実在するすべての流体は, その温度や圧力に応じた粘性を持っており, それを粘性流体 (viscous fluid) というが, 粘性がないと考えた仮想的な流体を完全流体 (perfect fluid) あるいは理想流体 (ideal fluid) と呼ぶ. また, 水や油などの液体は外力が働いても全体の体積の変化がきわめて少ないので, このような流体を非圧縮性流体 (incompressible fluid) と呼び, 空気などの気体は外力が働くと体積が大きく変化するので, 圧縮性流体 (compressible fluid) と呼ぶ. ただし, 空気の場合でも, 流速が音速の約30%以下の場合, 標準状態の空気 (1気圧, 15℃) では密度の変化は約5%以下であり, その影響を無視することができるため, 一般的には非圧縮性流体として取り扱われる.
　このように, 変形を伴った運動である流体運動をニュートン力学の運動の3法則に基づいて数理, 物理的に取り扱う学問が流体力学 (fluid dynamics) である. 流体はそれを構成する分子の集合体であるが, 分子どうしが1回衝突するのに要する平均距離である分子の平均自由行程 (mean free path) は空気の場合には $0.06\mu m$ (常温・常圧時) であり, 一般的には流体力学で取り扱う現象の尺度

よりも平均自由行程が十分に小さいため[*1)]，希薄流体などは例外として，基本的に流体は連続的な物質（連続体，continuous body）として扱われる．気体と液体は本来物性的には異なるものであるが，それらを連続体という概念を用いて取り扱うことにより，力学的には区別する必要はなくなる．

7.2 流体力学の歴史

流体力学は，水路や橋梁，船舶などの性能向上や構造の強度に対する要求から水力学として発達した．15 世紀，レオナルド・ダ・ビンチ（Leonardo da Vinci, 1452―1519）は水の運動を観察し，数々のスケッチを残している．18 世紀に，ニュートン（Newton, 1642―1727）の流体の粘性係数（7.5.a 項）の考えが取り入れられた．また，オイラー（Euler, 1707―1783）やベルヌーイ（Bernoulli, 1700―1782）によって完全流体の力学（7.3.b～c 項）が発達したが，そこでは粘性が無視されたため，流体力学の最大の目的である流体中に置かれた物体に働く力を求めることができなかった．19 世紀に粘性を考慮した理論が作られ，ナビエ（Navier, 1785―1836）とストークス（Stokes, 1819―1903）によって粘性流体中の流体運動を規定する方程式であるナビエ-ストークス方程式（7.5.b 項）が導出された．また，レイノルズ（Reynolds, 1842―1912）は流れの可視化により層流と乱流の存在を明らかにし，レイノルズ数と呼ばれる無次元数によって流れ場の状態を分類できることを示した（7.5.c 項）．ブシネスク（Boussinesq, 1842―1922）は流体の粘性摩擦法則から乱流によって摩擦抵抗を類推することにより，レイノルズ応力（乱流運動による運動量輸送の結果に生じる見かけの応力）を見かけの粘性として表示した．20 世紀になるとプラントル（Prandtl, 1875―1953）やカルマン（Karman, 1881―1963）によって，実際の粘性流体の運動に関する理論が展開され，境界層方程式（7.7.b 項）や運動量方程式などの考えが提案された．大気や川の流れには不規則な速度変動が存在する．このような乱流場の物理的性質に関しては，テイラー（Taylor, 1886―1975）により流速が時間と空間の偶然連続関数であるという概念が導入され，等方性乱流の統

[*1)] クヌドゥセン数（Knudsen number）は $kn=$（分子の平均自由行程）/（流体現象の代表長さ）で定義され，$kn<0.01$ の場合に流体は連続体として扱われる．

計的性質が研究された．コルモゴロフ（Kolmogorov）は乱れの小規模な成分は統計的に平衡であるという物理的考察を行い，普遍平衡理論を提唱し，有名なスペクトルに関する一考察（−5/3乗則）を提言した．現在では，理論や実験的研究に加えて，ナビエ－ストークス方程式に基づいたさまざまな流れ場に関するコンピュータシミュレーションも発達し，流体力学の世界は大気や環境，生命，宇宙などの種々の分野とも関連を持ちつつ急速な発展を遂げつつある．

7.3 基 礎 方 程 式

本節では質量保存則である連続の式，非粘性流体の運動方程式であるオイラーの運動方程式，および，それから導出されるエネルギー保存則としてのベルヌーイの定理について述べる．

a．連続の式（質量保存則）

図 7.1 に示すように，流体内に各辺の長さ $\delta x, \delta y, \delta z$ の小さな直方体を考える．質量保存の法則から，

  直方体の表面で出入りする流体の質量差の総和＋体積内の質量変化＝0

でなければならない．ここで，時間 t から $t+\delta t$ の間にこの検査体積に出入りする流体の質量（密度×速度×断面積×時間）について考える．x, y, z 方向の流速を u, v, w とする．x 軸に垂直な左右の側面を通って出入りする質量の差を表す式を作り，ρu を一つの変数として扱い，点 (x, y, z) でテイラー展開すると，以下のようになる．

$$\rho u\left(x-\frac{\delta x}{2}, y, z, t\right)\delta y\delta z\delta t - \rho u\left(x+\frac{\delta x}{2}, y, z, t\right)\delta y\delta z\delta t = \left\{-\frac{\partial(\rho u)}{\partial x}\right\}\delta x\delta y\delta z\delta t$$

同様に，y, z 軸に垂直な面を通しての質量の変化 $\{-\partial(\rho v)/\partial y\}\cdot\delta x\delta y\delta z\delta t, \{-\partial(\rho w)/\partial z\}\cdot\delta x\delta y\delta z\delta t$ を求め，それらの和が微小六面体内の質量増加分 $(\partial\rho/\partial t)\cdot\delta x\delta y\delta z\delta t$ と等しくなることから，連続の式（equation of conti-

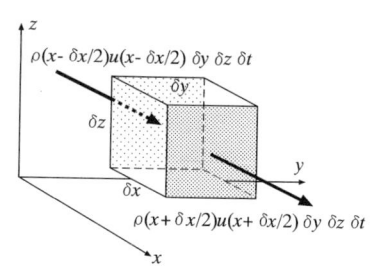

図 7.1 微小平行六面体への流体の流出入

nuity）

$$\frac{\partial \rho}{\partial t}+\frac{\partial(\rho u)}{\partial x}+\frac{\partial(\rho v)}{\partial y}+\frac{\partial(\rho w)}{\partial z}=0 \tag{7.1}$$

が導かれる．なお，非圧縮性流体の場合には流体の密度は不変（$\rho=$ 一定）であることから，$\partial \rho/\partial t=0$ より次式のように簡略化される．すなわち，

$$\frac{\partial u}{\partial x}+\frac{\partial v}{\partial y}+\frac{\partial w}{\partial z}=0 \tag{7.2}$$

速度ベクトル $\boldsymbol{v}=(u, v, w)$ を用いて上式をベクトル表示したものが次式である．

$$\mathrm{div}\,\boldsymbol{v}=0 \tag{7.3}$$

b． オイラーの運動方程式

流体の運動を記述するのに最も重要なものは運動方程式である．流体に働く粘性力を考えない場合，流体に働く力は圧力と外力（質量力など）のみである．ニュートンの第2法則 $\boldsymbol{F}=m\boldsymbol{a}$（$\boldsymbol{F}$：力，$m$：質量，$\boldsymbol{a}$：加速度）を流体に応用し，単位質量あたりについて，（加速度）＝（外力）＋（圧力勾配による力）という方程式を作ることができる．

加速度は次式に示すように流速の実質微分（substantial differentiation）と呼ばれる項で表される．

$$\frac{Du_i}{Dt}\equiv\frac{du_i}{dt}+u_1\frac{du_i}{dx_1}+u_2\frac{du_i}{dx_2}+u_3\frac{du_i}{dx_3}, \qquad i=(x,y,z) \tag{7.4}$$

実質微分 D/Dt は通常の微分と異なり，流体塊とともに移動する座標系で見た，すなわち，ラグランジュ的（Lagrangian）見方をしたときの流体の特性量（速度成分，流体の温度，密度，濃度など）の時間変化率を表している．一方，通常の固定された座標系で流体運動を記述する方法をオイラー的（Eularian）見方という．

連続の式を導出したときと同様に，微小直方体を検査体積として考え，式（7.4）を用いて運動量のバランス式（加速度）＝（外力）＋（圧力勾配による力）を作ると，以下に示すオイラーの運動方程式（Euler's equations of motion）が導出される．

$$\frac{du_i}{dt}+u_i\frac{du_i}{dx_i}+v_i\frac{du_i}{dy_i}+w_i\frac{du_i}{dz_i}=F_i-\frac{1}{\rho}\frac{\partial p}{\partial x_i} \tag{7.5}$$

左辺第1項は非定常項，左辺第2～4項は慣性項，右辺第1項の F_i は外力であ

る質量項，右辺第2項は圧力項と呼ばれ，上式は運動量の保存則を表している．

c．ベルヌーイの定理

流れ場の中において，ある曲線上のすべての点の接線方向がその点の速度ベクトルの方向と一致するような曲線を流線（stream line）という．

図7.2に示すように，流線の方向（s方向）に沿って定常運動（$\partial/\partial t = 0$）のオイラーの運動方程式（7.5）を積分することを考える．速度の2乗 $q^2 = u^2 + v^2 + w^2$ を x, y, z に関して偏微分し，オイラーの運動方程式（7.5）を用いて整理すると，次式が得られる．

$$\frac{\partial \boldsymbol{v}}{\partial t} + (\boldsymbol{\omega} \times \boldsymbol{v}) = \boldsymbol{F} - \frac{1}{\rho}\mathrm{grad}\, p - \mathrm{grad}\left(\frac{1}{2}q^2\right) \tag{7.6}$$

ここで，$\boldsymbol{\omega} \equiv \mathrm{rot}\,\boldsymbol{v}$ は渦度（vorticity）と呼ばれ，流れ場の局所的な回転運動の強さを表す．$\boldsymbol{\omega} = 0$（渦なし）を仮定し，新たに速度ポテンシャル ϕ，外力のポテンシャル Π を導入し，$\boldsymbol{v} = \mathrm{grad}\,\phi$，$\boldsymbol{F} = -\mathrm{grad}\,\Pi$ と書き換えて式（7.6）を積分すると，以下の式が得られる．

$$\frac{\partial \phi}{\partial t} + \frac{1}{2}q^2 + \int \frac{dp}{\rho} + \Pi = F(t) \tag{7.7}$$

これは同一流線上におけるエネルギー保存則であり，拡張されたベルヌーイの定理，あるいは，上式により圧力場が求められるので，圧力方程式（pressure equation）と呼ばれる．

渦あり渦なしを問わず，外力が保存力でポテンシャル Π を持ち，流れが定常（$\partial u/\partial t = 0$）であるとき，式（7.7）は次のようになる．

$$\mathrm{grad}\left(\frac{1}{2}q^2 + \int \frac{dp}{\rho} + \Pi\right) = \boldsymbol{v} \times \boldsymbol{\omega} \tag{7.8}$$

図7.2に示すように，ベクトル積 $\boldsymbol{v} \times \boldsymbol{\omega}$ は $\boldsymbol{v}$ と $\boldsymbol{\omega}$ に垂直であるから，流線に沿って $\boldsymbol{v} \times \boldsymbol{\omega}$ は零となる．すなわち，

$$\frac{1}{2}q^2 + \int \frac{dp}{\rho} + \Pi = \mathrm{const}(s) \tag{7.9}$$

非圧縮性完全流体の場合，高さ z においてポテ

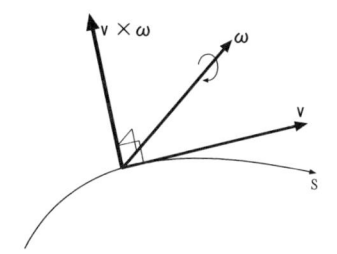

図 7.2 速度と渦度のベクトル積

ンシャルを $\Pi = gz$（位置エネルギー）とすると，

$$\frac{p}{\rho} + \frac{1}{2}q^2 + gz = \text{const}(s) \tag{7.10}$$

となる．一般的には上式をベルヌーイの定理と呼び，上式の第1項は圧力のエネルギー，第2項は運動のエネルギー，第3項は位置のエネルギーである．これは，渦あり渦なし流れを問わず，定常な完全流体中の流線に沿って成り立つエネルギー保存則を表している．

d．ベルヌーイの定理の応用

オリフィスやベンチュリー管など，ベルヌーイの定理を利用して流速を求める手法がある．ここでは，その中で最もよく利用されるピトー静圧管（図7.3）について説明する．

流れの中に物体を置くと，その前縁に流速が零の点ができる．これをよどみ点（stagnation point）という．この点を通る高さ一定の流線上でベルヌーイの定理（式 (7.10)）を適用する．よどみ点および物体の影響がない遠方の点における値をそれぞれ添字 $0, \infty$ を用いて示すと，よどみ点での流速は $U_0 = 0$ であるから，

$$p_\infty + \frac{1}{2}\rho U_\infty^2 = p_0 \tag{7.11}$$

上式は，よどみ点で圧力が $(1/2)\rho U_\infty^2$ だけ増加することを示している．p_∞ を静圧（static pressure），$(1/2)\rho U_\infty^2$ を動圧（dynamic pressure），p_0 を総圧（static pressure）という．総圧はよどみ点での圧力であり，また，静圧は流れを乱さない細い管の側方にあけられた穴から測定される．これらを組み合わせた図7.3のようなピトー静圧管（Pitot-static tube）を用いてその差圧をU字管マノメータなどを利用して測定すれば，式 (7.11) から流速 U_∞ を知ることができる．

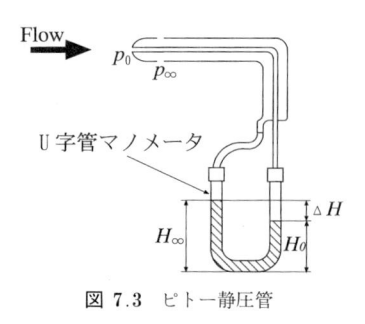

図 7.3 ピトー静圧管

$$U_\infty = \sqrt{\frac{2}{\rho}(p_0 - p_\infty)} = \sqrt{\frac{2}{\rho}\Delta H}, \qquad \Delta H = H_\infty - H_0 \tag{7.12}$$

ここで，図7.3に示すように H は液面高さである．

7.4 完全流体の流れ

仮想的に粘性を持たない流体を完全流体と呼び，かつ，"渦なし"の条件を仮定するとき，その流れをポテンシャル流と呼ぶ．ポテンシャル流では流れ場を解析的に解くことができ，速度勾配が小さく，粘性の作用が無視できるような場合の流れ場の基本的な特性を把握するうえで有益である．ただし，物体表面の近傍に形成される境界層の中など，粘性が重要な役割を果たす流体現象では，実際の流れ場の特性と異なる結果が導かれてしまうので注意が必要である．これをダランベールの背理（d'Alembert paradox）という．

a. 速度ポテンシャルと流れ関数

流れ場が渦なしのとき，渦度の定義式 $\boldsymbol{\omega} \equiv \mathrm{rot}\,\boldsymbol{v}$ において $\boldsymbol{\omega}=0$ より，

$$\frac{\partial w}{\partial y}=\frac{\partial v}{\partial z}, \quad \frac{\partial u}{\partial z}=\frac{\partial w}{\partial x}, \quad \frac{\partial v}{\partial x}=\frac{\partial u}{\partial y} \tag{7.13}$$

これは全微分をとるための必要十分条件であるから，次のようなスカラー関数 ϕ の全微分が得られる．すなわち，

$$d\phi = udx + vdy + wdz \tag{7.14}$$

ここで，

$$\boldsymbol{v}=(u, v, w)=\left(\frac{\partial \phi}{\partial x}, \frac{\partial \phi}{\partial y}, \frac{\partial \phi}{\partial z}\right)=\nabla \phi = \mathrm{grad}\,\phi \tag{7.15}$$

このとき，関数を速度ポテンシャル（velocity potential）という．これを連続の式（7.1）に代入し，非圧縮性流体（$\rho=$ 一定）では密度 ρ の実質微分 $D\rho/Dt$ は零であるから，

$$\frac{\partial^2 \phi}{\partial x^2}+\frac{\partial^2 \phi}{\partial y^2}+\frac{\partial^2 \phi}{\partial z^2}=0 \tag{7.16}$$

$$\mathrm{div}(\mathrm{grad}\,\phi)=\nabla \cdot (\nabla \phi)=\nabla^2 \phi = \Delta \phi = 0 \tag{7.17}$$

ここで，ベクトル演算子 Δ（ラプラシアン，$\Delta=\nabla^2$）を用いた．上式をラプラス（Laplace）の方程式と呼び，これを満足する関数を調和関数（harmonic function) という．上式には時間 t が含まれていないので，非定常流においても各瞬間での境界条件から流れの状態は定まる．すなわち，過去の履歴が流れに影響を及ぼさない．

b．流れ関数

流れ場の構造や特徴を知るうえで最も大切なことは，流線を決定することである．流線上の線素 $ds(dx, dy)$ と，その点における流速成分 (u, v) は方向が一致していることから，$dx/u = dy/v$，すなわち，次式が得られる．

$$-v\,dx + u\,dy = 0 \tag{7.18}$$

一方，非圧縮性流体（$\rho = $ 一定）の連続の式（7.2）から $\partial(-v)/\partial y = \partial u/\partial x$ が得られる．これは式（7.18）があるスカラー関数 ψ の全微分であることの必要十分条件であり，

$$d\psi = -v\,dx + u\,dy = 0, \quad v = -\frac{\partial \psi}{\partial x}, \quad u = \frac{\partial \psi}{\partial y} \tag{7.19}$$

となる．上式を積分することにより次式が得られる．

$$\psi(x, y) = y = \text{const.} \tag{7.20}$$

ここで，$\psi(x, y)$ を流れ関数（stream function）という．微分方程式（7.18）より線素 $ds(dx, dy)$ とその点における流速成分 (u, v) が一致していることから，上式は流線の方程式である．

c．複素ポテンシャル

流れが 2 次元渦なし流れのとき，流速成分 (u, v) は速度ベクトル式（7.15）および式（7.19）を用いて，速度ポテンシャル ϕ と流れ関数 ψ により表すことができる．

$$(u=)\frac{\partial \phi}{\partial x} = \frac{\partial \psi}{\partial y}, \quad (v=)\frac{\partial \phi}{\partial y} = -\frac{\partial \psi}{\partial x} \tag{7.21}$$

上式をコーシー-リーマン（Cauchy-Riemann）の関係式と呼ぶ．このとき，$\phi(x, y)$ を実数部，$\psi(x, y)$ を虚数部とする複素速度ポテンシャル $W(z)$ は $z = x + iy$ の解析関数となる．

$$W = \phi(x, y) + i\psi(x, y) \tag{7.22}$$

x軸を実軸, y軸を虚軸にとると, 速度ベクトル $\boldsymbol{v}$ は,

$$\boldsymbol{v} = u + iv \qquad (7.23)$$

と表示される. このとき, ベクトルの大きさは $q = |\boldsymbol{v}|$ で与えられ, 速度ベクトルが x 軸となす角度を θ とすると,

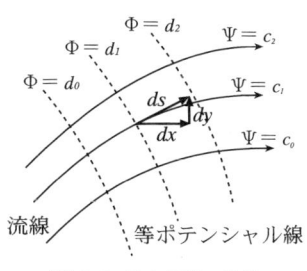

$$\boldsymbol{v} = qe^{i\theta} = q\cos\theta + iq\sin\theta \qquad (7.24)$$

図 7.4 流れ関数と流線

のように表示できる. W を z で微分すると,

$$\frac{dW}{dz} = \frac{\partial W}{i\partial y} = \frac{1}{i}\left(\frac{\partial \phi}{\partial y} + i\frac{\partial \psi}{\partial y}\right) = -i\frac{\partial \phi}{\partial y} + \frac{\partial \psi}{\partial y} \qquad (7.25)$$

上式にコーシー–リーマンの関係式 (7.21) を用いると,

$$\frac{dW}{dz} = \frac{\partial \phi}{\partial x} + i\frac{\partial \psi}{\partial x} = \frac{\partial \psi}{\partial y} - i\frac{\partial \phi}{\partial y} = u - iv \qquad (7.26)$$

式 (7.23) と式 (7.24) より,

$$\frac{dW}{dz} = \bar{v} = qe^{-i\theta} \qquad (7.27)$$

複素速度ポテンシャルを z について 1 回微分すれば, 流速の共役ベクトル $\bar{\boldsymbol{v}}$ となり, 流速の x, y 成分が求められる. 図 7.4 に示すように, 等ポテンシャル線と流線は直交することがわかる.

d. 等角写像

たとえば, 複素関数を

$$W(z) = Uz, \qquad z = x + iy \qquad (7.28)$$

とおき, これを実部 $\phi(x, y)$ と虚部 $\psi(x, y)$ に分解すると, $W(z) = Ux + iUy$ となるから, 式 (7.21) を用いて,

$$u = \frac{\partial \phi}{\partial x} = U, \qquad v = \frac{\partial \phi}{\partial y} = 0 \qquad (7.29)$$

となることから x 方向のみの流速成分を持つ流れ場であることがわかる. すなわち, 複素関数 $W = Uz$ は x 軸に平行な一様流を表す複素関数である.

表 7.1 さまざまな流れ場の複素関数

流れ場	$X(z)$	$\phi(x,y)$	$\psi(x,y)$	u	v
一様流	Uz	Ux	Uy	U	0
角を曲がる流れ	Az^n	$Ar^n \cos n\theta$	$Ar^n \sin \theta$	—	—
渦糸	$ik \ln z$	$-k\theta$	$ik \ln r$	0	$u_\theta = \dfrac{1}{r}\dfrac{\partial \phi}{\partial \theta} = -\dfrac{K}{r}$
湧き出し・吸込み	$k \ln z$	$k \ln r$	$ik\theta$	$u_r = \partial\phi/\partial r = K/r$	0
2重湧き出し（ダブレット）	$-\dfrac{\mu}{r}(\cos\theta - i\sin\theta)$	$\dfrac{\mu x}{x^2+y^2}$	$\dfrac{\mu y}{x^2+y^2}$	—	—

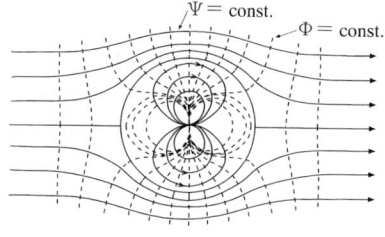

図 7.5 一様流中の円柱まわりの流れ

表 7.1 に示すように，このほかにもさまざまな複素関数を用いて種々の流れ場を求めることが可能であり，さらに，これらの複素関数を重ね合わせて用いることにより，たとえば，一様流中に置かれた円柱（一様流＋2重湧き出し，図 7.5）など，より複雑な形態の流れ場の流線や等ポテンシャル線，円柱に働く力などを求めることができる．また，ジューコフスキー変換により翼まわりの流れなどの解析にも用いられる．しかし，完全流体を仮定すると円柱には抵抗が働かないという通常とは矛盾した結果が得られ，これはダランベールの背理と呼ばれている．このとき一様流中の静止円柱に働く揚力も零であるが，円柱に対して時計まわりの循環 Γ を与えると，揚力 $L = \rho U \Gamma$ が上向きに生じる．これをクッタ-ジューコフスキーの定理（Kutta-Joukowski's theorem）という．なお，平板や翼の尖った後縁部でも流れが接線方向になめらかに流れさる条件が必要とされるが，それをクッタの条件またはジューコフスキーの仮定と呼ぶ．

7.5 粘性流体の力学

a. ニュートンの粘性法則

水や空気などの実在流体は粘性を持つ．粘性があると流体は変形を受け，それ

に対して抵抗を生じる．ニュートンは変形速度とせん断応力の関係を式 (7.30) で定義した（ニュートンの粘性法則）．最も単純な場合として，図7.6のように平行平板間に粘性流体を満たし，下面の板を固定して上面の板を一定速度で移動させたときの流れを考える．このような流れをクエット流 (Couette flow) という．このとき，下面の板に働くせん断応力 τ は，

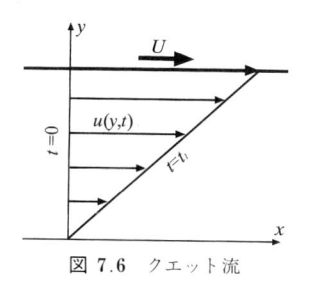

図 7.6 クエット流

$$\tau = \mu \left(\frac{du}{dy} \right)_{y=0} \tag{7.30}$$

で表される．ここで，μ は粘性係数と呼ばれる物性値である．上式に従う流体をニュートン流体，上式に従わない流体を非ニュートン流体という．空気や水，油といった一般的な流体は上式に従うことが多いため，一般の流体力学では，ニュートン流体のみを取り扱う．

非ニュートン流体には擬塑性流体 (pseudo-plastic fluid)，ダイラタント流体 (dilatant fluid)，ビンガム流体 (Bingham fluid) などがある．これらの流体は物性の変化を伴うためレオロジー (rheology) の分野で扱われる．

b．ナビエ-ストークス方程式

完全流体を記述するオイラーの運動方程式 (7.5) は粘性を考慮せず，それによって働く法線応力やせん断応力を考えていない．しかし，水や空気など，実在の流体中には粘性が存在し，粘性が働くためにこれらの応力が物体に作用する．ここで，図7.7に示すような微小直方体 (dx, dy, dz) を流体中に考えると，x 方向に働く力の総和は次のようになる．

$$\left(\frac{\partial \sigma_{xx}}{\partial x} + \frac{\partial \tau_{yx}}{\partial y} + \frac{\partial \tau_{zy}}{\partial z} \right) dx dy dz \tag{7.31}$$

ここで，$\tau_{\alpha\beta}$ は，α 軸に垂直な面に働く β 方向のせん断応力を示している．これをレイノルズ応力 (Reynolds stress) と呼ぶが，同様にして他の成分の応力も求め，これらをオイラーの運動方程式 (7.

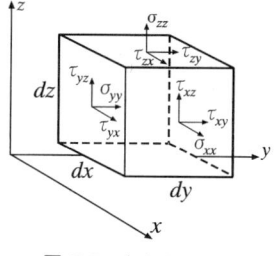

図 7.7 応力テンソル

5) の右辺に代入し整理すると，次式が導かれる．これをナビエ-ストークスの方程式 (Navier-Stokes equation) と呼び，粘性流体を記述する運動方程式である．

$$\frac{D\boldsymbol{v}}{Dt} = \boldsymbol{F} - \frac{1}{\rho}\mathrm{grad}\, p + \frac{1}{3}\frac{\mu}{\rho}\mathrm{grad}\, \Theta + \frac{\mu}{\rho}\nabla^2 \boldsymbol{v} \tag{7.32}$$

ここで，Θ および勾配 grad，ラプラシアン ∇^2 は次式で表される．

$$\Theta = \frac{\partial u}{\partial x} + \frac{\partial v}{\partial y} + \frac{\partial w}{\partial z}, \quad \mathrm{grad} = \left(\frac{\partial}{\partial x}, \frac{\partial}{\partial y}, \frac{\partial}{\partial z}\right), \quad \nabla^2 = \frac{\partial^2}{\partial x^2} + \frac{\partial^2}{\partial y^2} + \frac{\partial^2}{\partial z^2} \tag{7.33}$$

c．レイノルズの実験とレイノルズ数

レイノルズは，1890 年に大きな水槽につながった円管（内径 6.15 mm と 12.7 mm）中を流れる水の状態を染料で観察し，平均流速 U が遅い場合には管軸と平行にきれいに流れ，流速が速い場合には管の幅いっぱいに染料が広がり乱れた流れとなることを発見した．前者の流れを層流 (laminar flow)，後者の流れを乱流 (turbulent flow) と呼び，層流から乱流へ変化することを乱流遷移 (turbulence transition) という．レイノルズは平均流速 U と円管の直径 d を変えて実験を行った結果，流れの状態は，レイノルズ数（Reynolds number）と呼ばれる無次元数，

$$Re = \frac{Ud}{\nu} \tag{7.34}$$

に依存する．ここで，$\nu(=\mu/\rho)[\mathrm{m}^2/\mathrm{s}]$ は動粘性係数である．レイノルズ数は流体中に働く三つの力（慣性力，粘性力，圧力）のうち，慣性力 ρU^2 と粘性力 $\mu U/d$ の比である．

乱流に遷移するときのレイノルズ数を臨界レイノルズ数または遷移レイノルズ数と呼び，この臨界レイノルズ数は水槽から円管に入るときの流れの状態によっても変化するが，速度乱れの少ない状態で円管に水を流すと，管内流における遷移レイノルズ数は約 2300 となるが，後述するように，管壁の影響を受けない自由せん断流では，遷移レイノルズ数はさらに小さくなる．

ナビエ-ストークス方程式 (7.32) において，質量力を考えなければ，流体に

働く力は慣性力（$\rho D\bm{v}/Dt$），圧力（$-\text{grad}\,p$），粘性力（$\mu\nabla^2\bm{v}$）となる．このとき，

（1） ポテンシャル流の場合，粘性力がゼロで慣性力が支配的なさらさらした流れとなり，そこでは慣性力と圧力で流体の力関係を決定できる．

（2） 流速が小さく慣性力がゼロとみなせるストークス流の場合，粘性力が支配的な流れ場となり，粘性力と圧力が流体の力関係を決定する．

（3） 粘性力と慣性力が同程度の大きさの場合，慣性力，圧力，粘性力の三つの力の作用を考える必要がある．

実際的な流れ場はほとんどが（3）の場合であるが，このときナビエ-ストークス方程式を解くことはきわめて難しい．現在は，コンピュータの発達とともに数値流体力学（computational fluid dynamics）が発展し，k-ε モデル，LES モデル，応力方程式モデルなどの種々な計算モデルが提案され（保原・大宮司，1992），さらにはナビエ-ストークス式の直接数値計算など流体現象の解明のために新しい研究分野が開拓されており，実験では測定できないような流れ場の微細構造などが明らかにされつつある．

d． レイノルズの相似則

ナビエ-ストークス方程式（7.32）において外力 $\bm{F}$ が働かない場合を考える．流れ場の代表長さを l，流速を U として式（7.32）を無次元化すると，次式が得られる．

$$\frac{D\bm{v}^*}{Dt^*}=\text{grad}\,p^*+\frac{1}{Re}\nabla^2\bm{v}^* \tag{7.35}$$

なお，添字＊のついた変数は l および U で無次元化された量である．上式においてパラメータはレイノルズ数だけであり，流速や物体の大きさが変化しても，レイノルズ数が同一ならば，図 7.8 に示すように力学的関係は相似になる．したがって，レイノルズ数を合わせれば，大きなスケールの現象を小さなスケ

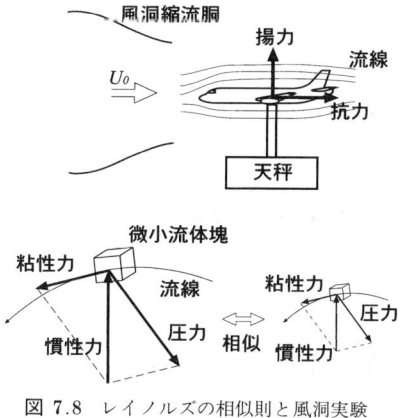

図 7.8 レイノルズの相似則と風洞実験

7.6 管路の流れ

a. 流速分布

図7.9に示すような無限に長いまっすぐな円管内で発達した定常流 ($\partial/\partial t=0$) について考える．この流れは軸対称な一方向流れとなる．ここでは，$v_r=v_\theta=0$, $\partial/\partial z=0$ となることから，円筒座標系で示したナビエ-ストークス方程式の z 成分

$$\rho\left(\frac{\partial v_z}{\partial t}+v_r\frac{\partial v_z}{\partial r}+\frac{v_\theta}{r}\frac{\partial v_z}{\partial \theta}+v_z\frac{\partial v_z}{\partial z}\right)=F_z-\frac{\partial p}{\partial z}+\mu\left(\frac{\partial^2 v_z}{\partial r^2}+\frac{1}{r}\frac{\partial v_z}{\partial r}+\frac{1}{r^2}\frac{\partial^2 v_z}{\partial \theta^2}+\frac{\partial^2 v_z}{\partial z^2}\right) \tag{7.36}$$

に境界条件 $r=a$ で $v_z=0$，および $r=0$ で $v_z=U_{\max}$ を代入して解くと，

$$v_z=-\frac{1}{4\mu}\frac{dp}{dz}(a^2-r^2), \quad a=d/2 \text{ (半径)} \tag{7.37}$$

となる．上式から発達した管内流の速度分布は放物線分布であることがわかる．

b. 流量

管内流は，プラントや工学機器の中で流体を輸送する手段として最も重要な流れの形態の一つであり，その中を流れる流体の流量を求めることは重要である．式 (7.37) を半径方向 r について積分することにより，流量 Q は次式のように求められる．

$$Q=\int_0^a 2\pi r v_z(r)dr=-\frac{dp}{dz}\cdot\frac{\pi a^4}{8\mu} \tag{7.38}$$

上式は，(流量) $\propto$ (圧力勾配)・(管の半径)^4/(粘性係数) の関係があることを示す．この法則をポアズイユの法則 (Poiseuille's law) といい，流量は管径の4

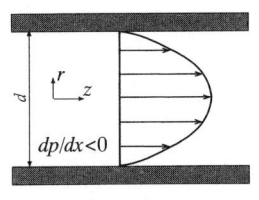

図 7.9 ポアズイユ流

乗に比例する．上式が成立するのは，$Re<2300$ となる層流状態においてのみであるが，このような円管内の流れをハーゲン-ポアズイユ（Hagen-Poiseuille）流と呼ぶ．

ポアズイユ流の平均流速 U_0 は，式（7.38）で表される流量 Q を断面積で割ることにより得られる．また，管中心で最大流速 U_{max} を持つが，それは式（7.37）において $r=0$ として次式のように得られる．

$$U_0=\frac{dp}{dz}\cdot\frac{a^2}{8\mu} \qquad (7.39)$$

$$U_{max}=-\frac{dp}{dz}\cdot\frac{a^2}{4\mu}=2U_0 \qquad (7.40)$$

すなわち，最大流速は平均流速の2倍となる．

c．摩擦係数

円管で流体を輸送するとき，管壁による摩擦抵抗を相殺するために，流体にエネルギーを加え圧力勾配を持たせる必要がある．このとき，圧力勾配と平均流速の関係は次式で表される．

$$-\frac{dp}{dz}=\frac{f}{d}\frac{\rho}{2}U_0^2 \qquad (7.41)$$

ここで，f は無次元量であり，摩擦係数と呼ばれる．上式と式（7.39）より，$Re<2300$ となる層流状態において f は，

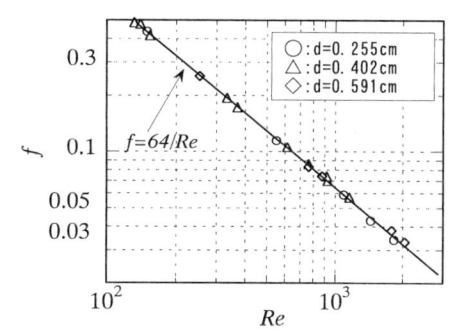

図 7.10 円管の摩擦係数（層流）（Nikuradse, J.: Forsch. Arb. Ing.-Wes., No. 356, 1932）

$$f=\frac{64}{Re} \qquad (7.42)$$

となる．図7.10に示すように，上式の f とレイノルズ数 Re の関係は実験により証明されており，レイノルズ数が増加することにより粘性の影響が相対的に小さくなるために，レイノルズ数（流速）に反比例して摩擦係数は小さくなることがわかる．

d．乱流状態の管路流れ

次に，乱流状態の管路の流れ（$Re>2300$）を考える．壁面近くの流れは，密度 ρ，動粘性係数 ν，壁面摩擦応力 τ_0，壁からの距離 y といった物理量に支配されると考えられる．このうち，τ_0 と ρ から摩擦速度（friction velocity）U_* を次のように定義する．

$$U_*=\sqrt{\frac{\tau_0}{\rho}} \qquad (7.43)$$

U_* は実際に存在するわけではなく，表面摩擦応力 τ_0 の大きさを速度の形で表したものである．これを用いて無次元長さ η が次のように定義される．

$$\eta=\frac{U_* y}{\nu} \qquad (7.44)$$

壁面近くの流速分布 $\bar{u}(y)$ は壁面からの距離の関数として，レイノルズ数に無関係に，

$$\frac{\bar{u}(y)}{U_*}=f_n\left(\frac{U_* y}{\nu}\right) \qquad (7.45)$$

の形に書くことができる．これをプラントルの壁法則（law of wall）という．

一方，管の中央部では流れは管路全体にかかわる量に支配され，次式に示す流速分布は管中心の最大流速 U_{max} からの差として，次のように近似が可能である．

$$\frac{U_{max}-\bar{u}(y)}{U_*}=f_n\left(\frac{y}{a}\right) \qquad (7.46)$$

これをカルマンの速度欠損則（velocity defect law）と呼ぶ．ここで，a は半径である．

7.6 管路の流れ

壁面のごく近傍では速度勾配がきわめて大きく，そこでは式 (7.30) に示すように粘性の作用が支配的である．このような層を粘性底層 (viscous sublayer)，または，層流底層 (laminar sublayer) という．この層では，流れの混合作用は行われにくく，レイノルズ応力は無視できるから $\tau \approx \tau_0 = \mu(du/dy)$ である．これを積分して，

$$\frac{u(y)}{U_*} = \frac{U_* y}{\nu} \tag{7.47}$$

が得られる．すなわち，粘性底層では速度は高さ方向に直線的に変化する．粘性底層以外の領域では，せん断応力 τ はレイノルズ応力が主になる．壁法則が成立することを考えて，なめらかな管壁の場合には，

$$\frac{u(y)}{U_*} = \frac{1}{k} \ln \frac{U_* y}{\nu} + A_s \tag{7.48}$$

となる．上式が成立することを対数分布則 (log-low) という．A_s は普遍定数である．実験的に得られたカルマン定数 $k=0.4$ および $A_s=5.5$ を代入し，自然対数を常用対数に変えて，次式が得られる．

$$\frac{u(y)}{U_*} = 5.75 \log_{10} \frac{U_* y}{\nu} + 5.5 \tag{7.49}$$

図 7.11 に示すように，式 (7.47)，(7.49) と実験結果との比較をすると，理論式 (7.47)，(7.49) がきわめてよい近似を与えていることがわかる．式 (7.47) と式 (7.49) の中間の領域では，流速分布はなめらかに二つの式を結んでいる．この中間層をバッファ域という．これらのことから管内乱流は，壁からの無次元距離によって次の 3 種類に分類できる．

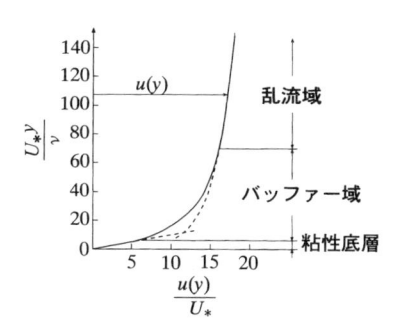

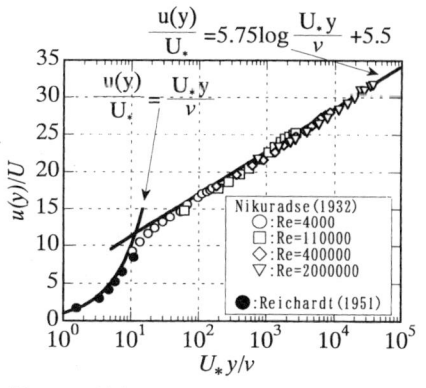

図 **7.11** 管路乱流の流速分布（Nikuradse, J.: Forsch. Arb. Ing.-Wes., No. 356, 1932; Reichardt, H.: *Z. angew. Math.* u. Mech., 31: 208-219, 1951)

粘性底層：$0 \leqslant \dfrac{U_* y}{v} \leqslant 4$，　平均速度分布は直線．乱れが小さい．

バッファ域：$4 \leqslant \dfrac{U_* y}{v} \leqslant 30 \sim 70$

乱流域：$30 \sim 100 \leqslant \dfrac{U_* y}{v}$，　平均速度分布は対数．乱れが大きい．

管路の最大流速 U_{max} は，式 (7.49) に $y=a$ を代入した式から式 (7.49) を引くことにより，次式のように得られる．

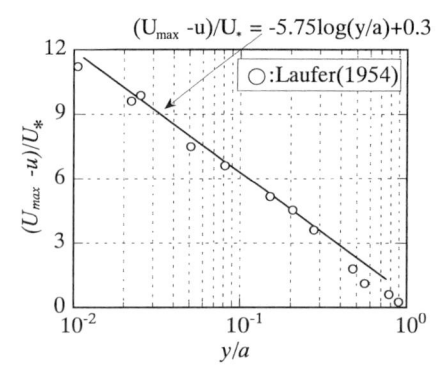

$$\dfrac{U_{max} - u(y)}{U_*} = \dfrac{1}{k} \ln \dfrac{a}{y} \tag{7.50}$$

図 7.12　速度欠損則 (Laufer, J.: Natl. Advisory Comm. Aeronaut. Tech. Repts., No. 1174, 1954)

これは式 (7.46) に対応し，カルマンの速度欠損則を表している．図 7.12 に示すように実験値とよく一致している．

7.7　境　界　層

　古典的な流体力学では粘性の効果を無視した完全流体について取り扱ったが，その場合，実際の現象と矛盾する結果になってしまった．20 世紀初頭，プラントルによって壁面の近傍では粘性が支配的に作用する薄い層（境界層）が形成されるという概念が導入された．これは，物体まわりの圧力分布や抵抗の計算を可能にし，流体力学に大きな進歩をもたらした．

a．境界層の概念

　図 7.13 のような平均流速 U の一様流中に置いた平板上の流れでは，粘性のために平板の壁面では流速 u がゼロ（すべりなしの条件）であるが，平板からの距離 y が大きくなるにつれて流速 u は速くなり，壁面から十分に離れた高さでの流速 u は一様流の平均流速 U と等しくなる．このように粘性の作用によって流速が変化する層を境界層（boundary layer）と呼ぶ．通常，物体まわりの流れ場

図 7.13 平板境界層

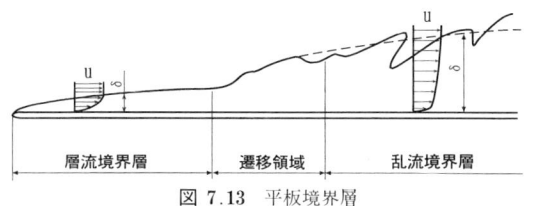

を以下に述べる二つの部分に分けて考える．

(1) 壁面に沿う速度が大きく慣性項に比べて粘性項が無視できない薄い層（境界層）

(2) その外側の粘性項の影響を無視できる完全流体とみなしうる層（主流）

平板上の境界層はその先端（前縁）から発達するが，前縁付近での境界層中の流れは層流状態であり，これを層流境界層（laminar boundary layer）と呼んでいる．その下流では遷移領域を経て，流れが乱流状態である乱流境界層（turbulent boundary layer）に変化する．一様流中の平板境界層では $Re_x \gtrsim 5 \times 10^5$（$Re_x = Ux/v$）で乱流境界層になる．なお，境界層の構造や遷移位置，摩擦抵抗などは粗度（roughness）などの表面状態やレイノルズ数によって大きく影響される．

b．境界層方程式

2次元定常流において，ナビエ-ストークス方程式（7.32）および連続の式（7.2）を代表長さ l および代表速度 V を用いて無次元化したとき，境界層厚さ δ は流れ場の代表長さ l に比べてきわめて薄く（$\delta \ll l$），また，境界層の外縁付近の流速 u は主流流速 V とほぼ同じ（$u/V \approx 1$）である．このように境界層内でナビエ-ストークス方程式の各項のオーダを比較すると，次のようになる．

$$\frac{\partial u}{\partial t} + u\frac{\partial u}{\partial x} + v\frac{\partial u}{\partial y} = -\frac{1}{\rho}\frac{\partial p}{\partial x} + v\frac{\partial^2 u}{\partial y^2} \tag{7.51}$$

$$0 = -\frac{\partial p}{\partial y} \tag{7.52}$$

$$\frac{\partial u}{\partial x} + \frac{\partial v}{\partial y} = 0 \tag{7.53}$$

境界層外側では，

$$-\frac{1}{\rho}\frac{\partial p}{\partial x}=\frac{\partial U}{\partial t}+U\frac{\partial U}{\partial x} \tag{7.54}$$

境界条件

$$\begin{aligned}&u=0,\quad v=0 \quad (y=0)\\ &u\to U(x) \quad\quad\;\; (y\to\infty)\end{aligned} \tag{7.55}$$

上式をプラントルの境界層方程式 (Prandtl's boundary layer equations) と呼ぶ. また, 式 (7.54) により主流 U から境界層に沿って圧力分布を定めることができる.

c. 境界層を特徴づける厚さの定義

境界層内では壁面の影響を受けて速度が高さ方向に変化するが, その範囲, すなわち, 境界層厚さを決定することは重要である.

1) 境界層厚さ

一般に, 流速 u が主流 U の 99% (99.5%) になる位置として, 境界層厚さ $\delta(x)$ を定義する.

$$\frac{u(\delta)}{U_\infty}=0.99 \tag{7.56}$$

層流境界層の場合, 境界層厚さ $\delta(x)$ と流れ方向距離 x を代表長さとしたレイノルズ数 $Re_x(=U_\infty x/\nu)$ との関係は以下の式で与えられる.

$$\delta(x)\approx 5.0\sqrt{\frac{\nu x}{U_\infty}}=5.0x\cdot Re_x^{-1/2} \tag{7.57}$$

乱流境界層の場合には

$$\delta(x)=0.38\left(\frac{U_\infty x}{\nu}\right)^{-1/5}x \quad (Re_x<10^7) \tag{7.58}$$

となり, 乱流運動によって運動量輸送がより活発に行われるために, 層流境界層よりも境界層厚さが厚くなることがわかる.

2) 排除厚さ

図 7.14 に示すように, 境界層が発達することにより壁面に垂直な面を通る流量が単位幅あたり,

7.7 境界層

$$\Delta q = \int_0^\infty [U_\infty - u(y)] dy \quad (7.59)$$

だけ減少する．このことは，壁面が δ^* だけ外側にせり出したものとして考えられる．

$$U_\infty \delta^* = \Delta q$$

$$\delta^* = \int_0^\infty \left[1 - \frac{u}{U_\infty}\right] dy \quad (7.60)$$

この長さ δ^* を排除厚さ (displacement thickness) という．層流境界層の場合，δ^* とレイノルズ数 $Re_x(=U_\infty x/\nu)$ との関係は，次式で表される．

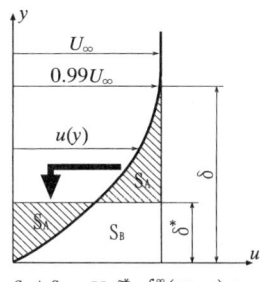

$$S_A + S_B = U_\infty \delta^* = \int_0^\infty (U_\infty - u) dy$$

図 7.14 境界層厚さと排除厚さ

$$\delta^*(x) \approx 1.73 \sqrt{\frac{\nu x}{U_\infty}} = 1.73 x Re_x^{-1/2} \quad (7.61)$$

この式からわかるように，流れの中に置かれた平板は主流に対して排除厚さの増加分だけ，くさびのように働く．また，式 (7.57) と比較するとわかるように，排除厚さ δ^* の約 3 倍が境界層厚さ δ となり，これは δ の決定にも用いられる．

3) 運動量厚さ

境界層内では抵抗が働き，流れの持つ運動量が欠損される．その大きさは $\rho \int_0^\infty u[U_\infty - u] dy$ で表される．これを "厚さ" として表したものが，ρU_∞^2 で割った運動量厚さ (momentum thickness) θ であり，それを次式で定義する．

$$\theta = \int_0^\infty \frac{u}{U_\infty}\left[1 - \frac{u}{U_\infty}\right] dy \quad (7.62)$$

d． 境界層のはく離

翼の迎角を大きくしていくと，翼の上に形成された境界層は翼の表面からはがれ，そのうしろに逆流域が形成される．このような境界層のはく離 (separation) は，図 7.15 に示す翼や円柱，拡大管（ディフューザ）など，物体表面に沿って圧力勾配が正 ($dp/dx>0$)，すなわち，逆圧力勾配 (adverse pressure gradient) の領域が存在し，その逆圧力勾配が大き

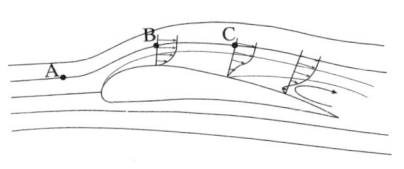

図 7.15 流れのはく離

い，もしくは逆圧力勾配の領域が広い場合に境界層のはく離が生じる．図7.15で翼キャンバの頂（点B）まで外部のポテンシャル流の流速が増加し，それ以降は減少する．ベルヌーイの定理より点Aから点Bまでは流速が増加するので，圧力は低下，すなわち順勾配であるが，それよりも下流では逆圧力勾配となる．流れ方向のスケールに比べて境界層は薄いので，圧力勾配は境界層内と主流とで変わらない．ポテンシャル流中の流線に沿ってベルヌーイの定理から流線に沿ったエネルギー式を導出すると，

$$\frac{P_C}{\rho} = \frac{P_B}{\rho} + \frac{1}{2}(U_B{}^2 - U_C{}^2) \tag{7.63}$$

上式から，点Bから点Cにおいては，速度のエネルギーが圧力エネルギーに変換されて圧力の回復が行われる．一方，境界層内の流線については粘性によりエネルギーが損失するとともに外側の流体の運動が輸送される．この効果をΔEとすると流線に沿って次式が与えられる．

$$\frac{p_{C'}}{\rho} = \frac{p_{B'}}{\rho} + \frac{1}{2}(u_{B'}{}^2 - u_{C'}{}^2) + \Delta E_{B'C'} \tag{7.64}$$

$dp/dx>0$の区間で圧力上昇が大きすぎるか，区間が長い場合，粘性によるエネルギー損失のために，速度エネルギーだけでは圧力上昇に必要な圧力エネルギーを得られない．このために，はく離点では$\partial u/\partial y=0(y=0)$となって速度を失い，これより下流では流体が圧力の低い方（上流側）に流されて逆流が生じる．これを防ぐには，(1) 境界層の吸込み，(2) 境界層への吹込み，(3) 境界層を層流から乱流にすることなど，境界層制御（boundary layer control）が行われる．これらの制御技術は航空機のフラップやボルテックスジェネレータとして応用されている．また，流れがはく離を起こすと，物体から発生する渦によって誘起される流体力がその物体の自励振動を持続させる場合があり，これをフラッター現象と呼ぶ．フラッターが起こると騒音が発生したり，ときにはつり橋や構造物，流体機械などの破損を招く場合もある．

7.8 自由せん断乱流

a. 噴流と後流

　管内流や境界層を維持する壁面を持たない流れを自由境界流という．図 7.16 に示すように，静止流体中にノズルやオリフィスから噴出する流れは，周囲の流体を巻き込みつつ（エントレインメント），その流れを拡大していく．このような流れを噴流（jet）といい，ジェットエンジンの排気や，エンジンの燃料噴射ノズルの流れなど，工学的に重要な流れ場である．ロケットのノズルから吹き出される噴流は，その反作用としてロケットが前に進む推進力を生み出す．

　静止流体中に物体を一定速度で移動させる場合や，一様流中に物体を置く場合，物体背後に周囲より流速の小さい領域ができる．この流れを後流（wake）という．後流の速度分布には速度欠損と呼ばれる主流よりも遅い領域が生じ，これが物体に働く抵抗となる．後流は自動車の圧力抵抗軽減，熱交換器の伝熱促進などにとって重要な流れである．

　上記のような流れはきわめて不安定であり，噴流の場合には臨界レイノルズ数 $Re_c \approx 4$，後流の場合には $Re_c \approx 40$ といったように，比較的小さいレイノルズ数で乱流となる．また，これらの流れを規定するような特徴的な代表長さというものはない．噴流や後流では，

(1) 速度分布は相似的
(2) 流れに対して直角方向の広がり幅は原点からの距離に比べて小さく，縦方向の流速変化も大きい
(3) 境界面は乱流部分と周囲流体との間欠的領域になっており，レイノルズ数が大きい場合，そこには渦が発生する

など乱流境界層によく似た性質を持つ．しかし，流れを束縛する固体壁が存在しないため，このような流れは，速度の異なる流れの境界にできる混合層（mixing layer）とともに，自由せん断乱流（free turbulent shear flow）とも呼ばれている．

b. 速度分布と半値幅

　平均速度分布は，十分に発達した 2 次元噴流の場合，

図 7.16 噴流と後流

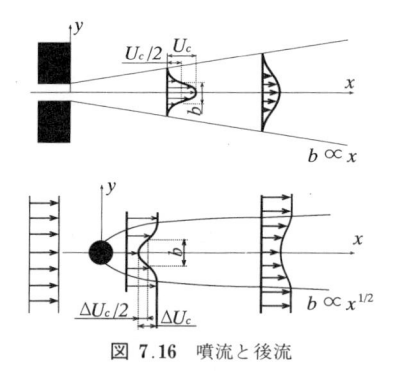

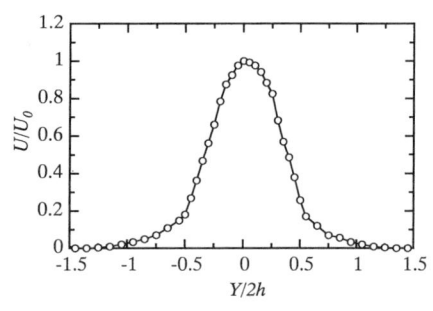

図 7.17 2次元噴流の流速分布

$$\frac{U}{U_c} = \exp\{-0.6749\eta^2(1+0.0269\eta^4)\} \tag{7.65}$$

である[*2]．ここで，U_c は中心位置での平均流速である．また，主流流速 U_∞ の一様流中に置かれた直径 d の円柱後流の平均速度分布は，

$$\frac{U-U_\infty}{U_c-U_\infty} = f\left(\frac{y}{\sqrt{xd}}\right) = \exp\{-0.637\eta^2+0.056\eta^4)\} \tag{7.66}$$

で表される[*3]．ここで，$\eta=y/b$，b は半値幅，すなわち，図7.17に示した速度分布はこれらの量を用いて無次元化すれば相似であることがわかる．なお，図7.16に示す中心位置での平均流速 U_c と半値幅 b の流れ方向変化を表7.2に示す．

c．円柱後流とカルマン渦

円柱や球，角柱のような鈍頭物体（bluff body）の場合，物体表面に発達した

表 7.2　中心位置での平均速度と半値幅の流れ方向変化

	中心位置での平均速度	半値幅
2次元噴流	$x^{-1/2}$	x
円形噴流	x^{-1}	x
2次元後流	$x^{-1/2}$	$x^{1/2}$
2次元混合層	x^0	x

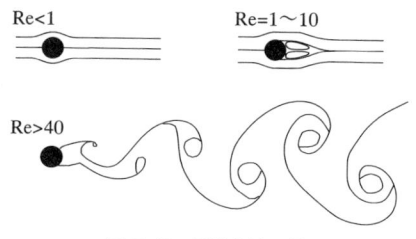

図 7.18　円柱後流の渦

[*2] Bradbury, L. S. J.: *J. Fluid Mech.*, **23**: 31-64, 1965.
[*3] Wygnanski, I., Champagne, F. and Marasli, B.: *J. Fluid Mech.*, **168**: 31-71, 1986.

境界層が，物体表面の急な曲率の変化による圧力上昇に追従できずに物体よりは く離し，その下流に死水領域が形成される．その周辺から渦構造が形成され，下流に向かって放出される（図 7.18）．その構造はレイノルズ数 Re に依存し，円柱の場合，$Re ≒ 10 \sim 100$ ではカルマン渦（Karman vortex）と呼ばれる千鳥状の交番渦が放出される．この渦放出周波数 f の無次元量はストローハル数 (Strouhal number) $St = fd/U$ と呼ばれる．ここで，d は代表長さ，U は主流流速である．円柱の場合，$10^3 < Re < 2 \times 10^5$ の範囲ではストローハル数は一定であり，$St = 0.18 \sim 0.20$ である．

おわりに

大学初年に学ぶ流体力学の内容を概説してきた．現在，流体力学は，最初に述べたように機械工学の基礎的学問であるばかりでなく，航空機や船舶の抵抗軽減，自動車や新幹線から発生する流体騒音，排煙の大気拡散やビル風などの環境問題，人体の血管や肺の流れ，気象や海洋，宇宙などさまざまな分野に直接的な関連を有し，それらの場に発生する諸現象は種々のシミュレーション実験，数値計算，理論などによって不断に解明が試みられている．

8
流体機械

　水と空気は人間にとって欠くことのできないものであり，昔からそれらをいかにして手に入れるか，いかに利用するかについて考え続けてきた．古くから人間の生活において，風車では空気の持つエネルギー（空気の流れである風の持つ運動エネルギー）を機械的エネルギーに変えて粉挽きなどに利用し，また，昔の揚水機では人力，家畜の力などで機械的な仕事を加えて，水を地下からくみ上げ，川の水を田畑に揚水するなど水に位置のエネルギーを与えてきた．このような流体を作業媒体として機械的な仕事と流体の持つエネルギーとの変換を行わせる機械を流体機械と呼んでいる．

　現代では，火力発電や原子力発電に用いられる蒸気タービン，水力発電用の水車，上下水道用，化学プラントなどの各種プラント用，灌漑・排水用などに用いられているポンプ，化学プラントで用いられている圧縮機など流体機械はあらゆる分野で用いられている．

8.1　流体機械の分類

　機械的仕事と流体エネルギーとの間の変換の方向から流体機械を分類すると図8.1のようになる．ポンプ，送風機，圧縮機などは外部の動力源によって駆動され，機械的仕事を流体の持つエネルギーに変換する．逆に水車，蒸気タービン，風車などは流体の持つエネルギーを機械的な仕事に変換し，発電機などの外部の機械を駆動する．上述の両方を組み合わせて，機械的仕事を一度流体エネルギーに変換し，さらに再び機械的仕事に変える機械が流体伝動装置，油圧駆動装置，空気圧駆動装置である．

　また，流体機械は機械的仕事と流体エネルギーとの変換の原理によって，ター

8.1 流体機械の分類

機械的仕事 → 流体エネルギー ：ポンプ，送風機，圧縮機

流体エネルギー → 機械的仕事 ：水車，蒸気タービン，風車

機械的仕事 → 流体エネルギー → 機械的仕事 ：流体継手，油圧伝動装置

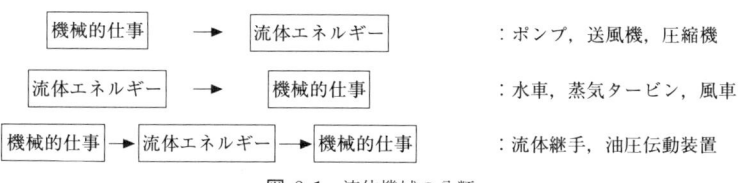

図 8.1 流体機械の分類

ボ形機械と容積形機械に大別される．図 8.2 に容器内に水を入れ一定速度で回転させたときの液面の様子を示す．遠心力の影響で，液面は中心で最も低く，外に行くにつれて高くなり，液面形状は回転放物面となる．もし，容器を密閉し，水を充満させた状態で回転させると，容器内の圧力が中心から外に向かって上昇し，圧力の分布は液面の形状と同じになる．この状態で，中心部に穴をあけ，外周部に水の出口をつけてやることにより，水を中心部から吸い込み，外周部から圧力エネルギーが大きくなった水を送り出すことができる．これがターボ形流体機械の原理である．ターボ形機械では，容器を回転させるかわりに，羽根車と呼ばれる部品を容器の中で回転させて流体に遠心力を与えている．

一方，容積形機械の身近な例は水鉄砲で，ピストンを引くことにより水をピストンとシリンダなど

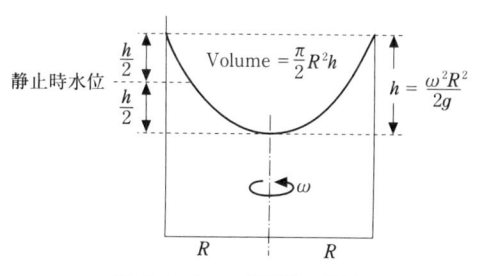

Volume $= \dfrac{\pi}{2} R^2 h$

$h = \dfrac{\omega^2 R^2}{2g}$

静止時水位

図 8.2 ターボ形機械の原理

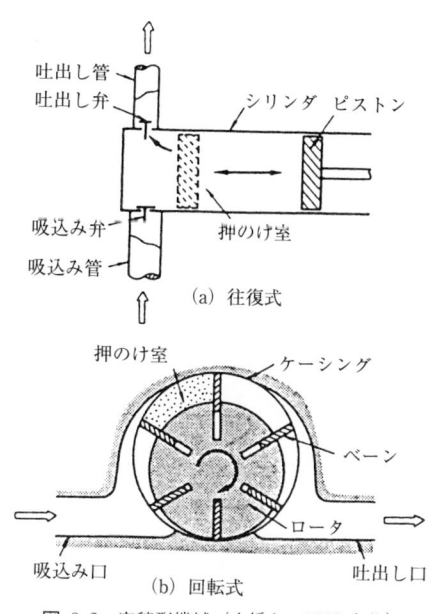

(a) 往復式

(b) 回転式

図 8.3 容積形機械（大橋ら，1998 より）

で形成される空間に受け入れ,ピストンを押すことによりこれを加圧して水を排出する.容積形機械には,図8.3に示すようにピストンポンプのように直線往復運動をするもののほかに,ベーンポンプや歯車ポンプのように回転運動をするものもある.

なお,これ以外にも,特殊な原理に基づく種々の流体機械があるが,ここでは最も広く用いられているターボ形機械を中心に述べる.

8.2 流体機械におけるエネルギー保存則

図8.4に示すように流体機械を囲む検査面をとってエネルギー保存則を適用する.入口および出口で単位質量の流体の持つエネルギーを,それぞれ

運動エネルギー　　$V_1^2/2$,　$V_2^2/2$
圧力エネルギー　　p_1/ρ_1,　p_2/ρ_2
位置のポテンシャルエネルギー　　gz_1,　gz_2
内部エネルギー　　u_1,　u_2

とし,単位質量の流体あたりに外部から加える仕事を W,熱量を Q とするとエネルギー保存則は次式で与えられる.

$$V_1^2/2+p_1/\rho+gz_1+u_1+W+Q=V_2^2/2+p_2/\rho+gz_2+u_2 \qquad (8.1)$$

ここで,V は流速,p は圧力,ρ は密度,z は基準面からの高さ,g は重力加速度,u は内部エネルギーを表し,添字1,2はそれぞれ入口および出口における値を示す.流体の圧縮性が無視できるときには[*1)],内部エネルギーの差 u_2-u_1 は,入口から出口までの間における熱量の増加で,外部から加えられた熱量 Q と粘性摩擦などにより発生した内部発熱 E_L との和であり,式(8.1)を次のように書き換えることができる.なお,流体中で生ずる内部発熱 E_L は損失と呼ばれている.

$$V_1^2/2+p_1/\rho+gz_1+W-E_L=V_2^2/2+p_2/\rho+gz_2 \qquad (8.2)$$

非圧縮性流体の持つ運動エネルギー,圧力エネルギー,位置のエネルギーの和を機械的エネルギー E と表すと上式は

[*1)] 水や油など液体の流れで通常圧縮性が無視できるほか,空気など気体の流れでも流速が音速の30%以下(マッハ数0.3以下,空気の場合は流速約100 m/s以下)で圧縮性が無視できる.

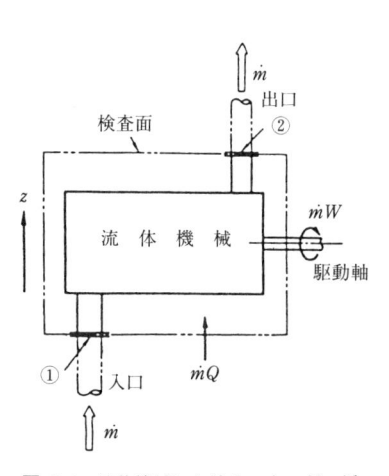

図 8.4 流体機械におけるエネルギー授受（大橋ら，1998 より）

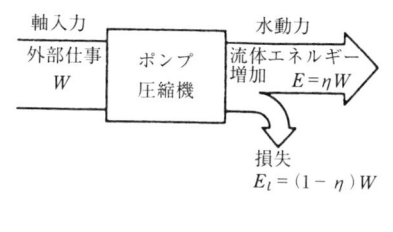

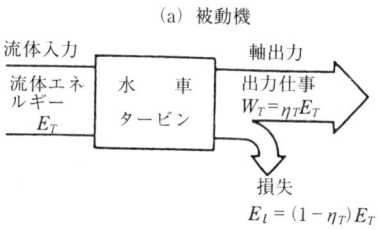

図 8.5 流体機械の効率

$$W - E_L = E_2 - E_1 \tag{8.3}$$

となる．ポンプや送風機などでは，外部からなした仕事と流体の持つエネルギーの増加との比が効率 η であるから，図 8.5 に示すように

$$\eta = (E_2 - E_1)/W = 1 - E_L/W \tag{8.4}$$

で定義される．また，流体機械を通過する体積流量を Q とするとき，機械を駆動するために必要な軸入力は

$$P_S = \rho Q W \tag{8.5}$$

であり，流体に与えられる水動力は

$$P_W = \rho Q (E_2 - E_1) = \eta P_S \tag{8.6}$$

となる．

水車の場合には，入口から出口までの間における流体の持つエネルギーの減少量と外部に取り出された仕事（$-W$）との比が効率であるから

$$\eta = W/(E_1 - E_2) = (1 - E_L)/(E_1 - E_2) \tag{8.7}$$

で定義される．また，流体入力は

$$P_W = \rho Q (E_1 - E_2) \tag{8.8}$$

であり，外部に取り出される軸出力は

$$P_T = \rho Q W = \eta P_W \tag{8.9}$$

となる．

損失 E_L は，機械損失，漏れ損失，流体損失に分けられる．機械損失には軸受や軸封部における摩擦損失と液体中で羽根車が回転することによる流体摩擦損失が含まれる．漏れ損失はエネルギーを与えられた液体がケーシングから外部に漏れたり，吐出し部から吸込み部へ逆流することによる損失である．流体損失にはエネルギー変換要素（羽根車など）流路内での流体摩擦損失と流れが流路に沿って流れずにはく離することによる衝突損失がある．流体機械の設計に当たっては，これらを半ば経験的に決めることが多い．

8.3 運動量の法則によるターボ機械の理論

ターボ形羽根車は，図 8.6 に示すように，その内部の流れの向きから遠心式，斜流式，軸流式に分類されるが，ここでは最も広く用いられている遠心式羽根車を例に，ターボ機械の羽根に対する流体の運動について考える．図 8.7 のように，軸方向から見た場合，流体粒子は半径 r_1 の羽根車の入口 I から静止空間に

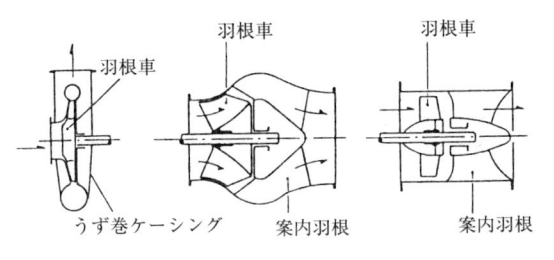

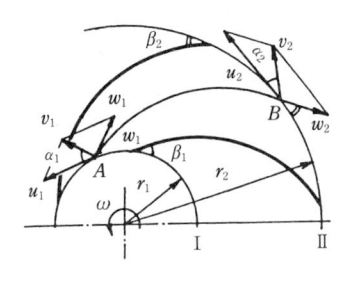

(a) うず巻ポンプ　　(b) 斜流ポンプ　　(c) 軸流ポンプ

図 8.6　ターボ形ポンプ（大橋ら，1998 より）

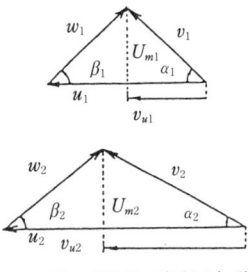

(a) 速度ベクトル　　　　　　　　(b) 羽根車の速度三角形

図 8.7　羽根車の速度三角形

対する速度ベクトル v_1 で入り，半径 r_2 の出口 II から v_2 で流出する．羽根車を通り抜けるこの流れは，定常流れであるとする．以下，I および II に関する量にそれぞれ添字 1, 2 をつけて区別する．w を羽根車に対する流体の相対速度，u を羽根車の周速度とすると，w と u の合成は v である．さらに v を半径方向分速度 v_m と周方向分速度 v_u に分けて考えることができる．流れに際して，なんらエネルギー損失がないとすると，流体の入口から出口に至るまでの角運動量の変化が，羽根車に働くすべての力のモーメントに等しい．したがって，羽根車を回転させるモーメント T は，流体の密度を ρ，流量を Q とすると

$$T = \rho Q (r_2 v_{u2} - r_1 v_{u1}) \tag{8.10}$$

と表すことができる．羽根車の回転速度を ω とすると，$u_1 = \omega r_1$，$u_2 = \omega r_2$ であるから羽根車を駆動するために必要な動力 P は

$$P = T\omega = \rho Q \omega (r_2 v_{u2} - r_1 v_{u1}) = \rho Q (u_2 v_{u2} - u_1 v_{u1})$$

となる．一方，前述のように $P = \rho Q (E_2 - E_1)$ であり，$(E_2 - E_1) = g H_{th\infty}$ とおくと

$$H_{th\infty} = (u_2 v_{u2} - u_1 v_{u1})/g \tag{8.11}$$

と表すことができる．ここで，$H_{th\infty}$ は長さの次元を持ち，羽根数が無限にあるターボ機械において，単位重量の流体に与えられ，もしくは単位重量の流体が機械に与えるエネルギーをヘッドで表したもので，これをオイラーの理論ヘッドと呼んでいる．$H_{th\infty} > 0$ ならポンプ，$H_{th\infty} < 0$ なら水車を表す．

図 8.7 の入口および出口の速度三角形において

$$u v_u = (v^2 + u^2 - w^2)/2$$

であるから，これを式 (8.11) に代入すれば

$$H_{th\infty} = [(v_2^2 - v_1^2) + (u_2^2 - u_1^2) - (w_2^2 - w_1^2)]/2g \tag{8.12}$$

右辺第 1 項は入口から出口に至る間の流体の運動エネルギーの変化であり，第 2 項は遠心力によって流体が羽根車から受けた圧力のエネルギー，また，第 3 項は羽根の通路を流れる間の断面積変化による圧力のエネルギーの増加を意味している．

羽根車が流体に与えた全エネルギーのうち，圧力エネルギーの占める割合は反動度 R と呼ばれ，

$$\begin{aligned} R &= \{(u_2^2 - u_1^2) - (w_2^2 - w_1^2)\}/g H_{th\infty} \\ &= \{1 + (v_{m2}/u_2)\cot \beta_2\}/2 \end{aligned} \tag{8.13}$$

となり，羽根の出口角 $\beta_2>90°$ の前向き羽根の場合には R は 0.5 以下となり，与えられた全エネルギーのうち圧力エネルギーが半分以下であり，運動エネルギーの形でのエネルギー増加が多くなる．このような羽根はシロッコファンなど送風機に用いられている．$\beta_2>90°$ の後向き羽根の場合には R は 0.5 以下となり，与えられた全エネルギーのうち半分以上が圧力エネルギーである．このような羽根はポンプの羽根車に用いられている．

軸流式羽根車においては，羽根車に流入した流体は半径方向には移動しないので，$u_1=u_2$ である．これを式（8.12）に代入すると

$$H_{th\infty}=[(v_1^2-v_2^2)-(w_1^2-w_2^2)]/2g \tag{8.14}$$

となり，遠心力によるエネルギー変換は行われず，羽根を通過する際の流体の速度変化によって圧力エネルギーを増加させる．

8.4 ポンプ

ポンプは主に低いところにある液体にエネルギーを揚程として与え，これを高いところに移動させる働きを持つ．

図 8.8 のように，低いところにある液体をポンプによって H_a だけ高いところに移す．ポンプの吸込み液面から吐出し液面までの垂直高さ H_a を実揚程と呼んでいる．

一般的に，吸込み液面の圧力を p_1，吐出し液面の圧力を p_2 とし，また，ポンプの吸込み管および吐出し管内の平均流速を v_1, v_2 とすると，ポンプによって液体に与えられるエネルギーすなわち全揚程 H は，次のように表すことができる．

$$H=(p_2-p_1)/2+(v_2^2-v_1^2)/2g+(H_a+h_L) \tag{8.15}$$

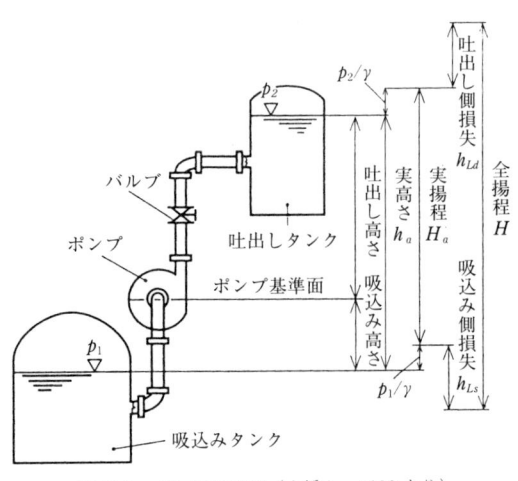

図 8.8 ポンプの揚程（大橋ら，1998 より）

ここに，h_L は吸込みおよび吐出し管内の管摩擦抵抗，断面積や方向変化に基づく損失などの全損失であり，$h_L = h_{Ls} + h_{Ld}$ である．ポンプの入口と出口の管径が等しければ $v_1 = v_2$，また，上下液面がともに大気にさらされていると，$p_1 = p_2$ であるから，式 (8.15) は

$$H = H_a + h_L \tag{8.16}$$

このように，ポンプの全揚程は実揚程 H_a と損失ヘッド h_L に分けられるが，それぞれの割合は用途により異なる．

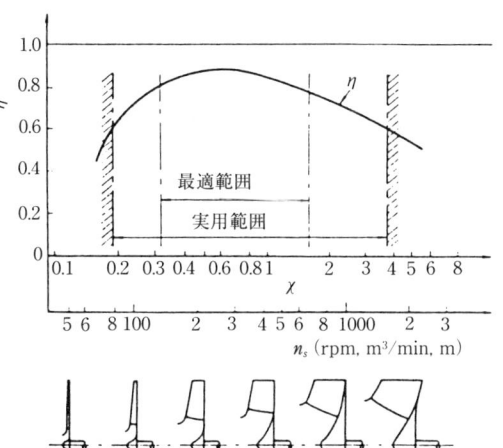

図 8.9 羽根車の形状と形式数（大橋ら，1998 より）

ポンプの使用条件（吐出し量，全揚程，回転数）が与えられると最適な羽根車形状が決まる．この形状を表す無次元パラメータが形式数である．ISO では形式数 K を以下のように定義している．

$$K = 2\pi n Q^{1/2}/E^{3/4}, \qquad E = gH \tag{8.17}$$

形式数と羽根車形状との関係を図 8.9 に示す．

形状を表すパラメータとして従来から用いられているものに比速度 n_S がある．これは式 (8.17) の形式数の定義において，E のかわりに全揚程 H を用いたもので，

$$n_S = nQ^{1/2}/H^{3/4} \tag{8.18}$$

で定義されている．無次元数 K に $g^{3/4}$ を乗じた n_S は，有次元のパラメータであり，使用する単位系によって値が変わるので比速度を使うときには注意が必要である．

うず巻ポンプに限らず，流体機械の設計や運転に際して注意すべき現象にキャビテーションがある．これは，流体が機械の中を通過する間に，流動に伴い，著しく圧力の低い部分が生じ，その液体の飽和蒸気圧以下になると，液体に溶けていた空気が析出し，あるいは液体が気化してあわ（泡）を生じ，液体内に空洞をつくる現象である．ポンプにキャビテーションが発生すると，

・気泡の存在により羽根車の有効流路断面積が減少し，ポンプ性能が低下す

る．
・気泡がつぶれる際の流体衝撃のために管路系に振動・騒音が発生する．
・キャビテーションが長時間続くと，気泡のつぶれる際の衝撃のため，近傍の固体壁面に損傷を与える．

うず巻ポンプでキャビテーションが最も発生しやすい部分は羽根車の裏側で，この部分における液体の最低圧力を飽和蒸気圧より高くする必要がある．具体的には，ポンプの据付位置を低くし，吸込み高さをなるべく小さくすること，吸込み側の管路の損失ヘッドをできるだけ小さくすることなどの方法がとられる．

8.5 水 車

水車はポンプと逆に，流体の持つエネルギーによってターボ形機械を回転させるものである．現在，最も大規模に使われているのは発電機を回転させるための水車であって，図8.10のように水の持つ位置エネルギー，すなわち落差を利用するのがふつうである．ただし，図8.10の自然落差 H_g がすべて有効に水車に与えられるとは期待できず，途中の水路や管路や放水部における損失を引いた有効落差 H が水車に与えられる．羽根車に対する流体の作用によって，水車は衝撃形と反動形に大別できる．前者は水の有効落差を運動エネルギーに変えて，高速の噴流をバケットに衝突させ，バケットに沿って噴流の方向変換をするために生ずる力を利用して羽根車を回転させるもので，図8.10 (a) に示したものはペルトン水車である．後者は落差に対応する位置のエネルギーのかなりの部分が圧力エネルギーとして羽根車に入り，羽根の間を流れる間の流体の相対速度の変化による力が作

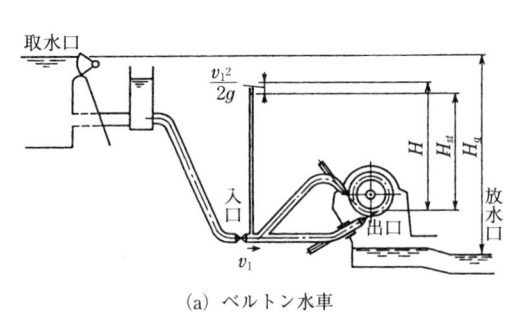

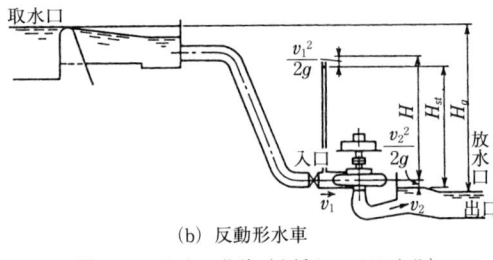

(a) ペルトン水車

(b) 反動形水車

図 8.10 水車の落差（大橋ら，1998 より）

用する．反動形水車のうち，フランシス水車は半径流形であり，プロペラ水車は軸流形である．さらにプロペラ水車の中で羽根の取り付け角の可変なものをカプラン水車という．反動水車では，羽根車を出た流体の持つ速度エネルギーを有効に利用することと，羽根車の出口と放水面との間のヘッドを回収する目的で，水を吸出し管で放水面まで導いている．水車においても比速度の概念が成立する．ただし，水車の習慣として，式 (8.18) の吐出し量 Q のかわりに出力 $P=\eta\rho g Q H$ を使って，次式で定義している．

$$N_s = nP^{1/2}/H^{5/4} \tag{8.19}$$

比速度 N_s が小さい水車ほど小流量・高落差に向き，逆に N_s が大きいほど大流量・低落差に適している．

8.6 流体伝動装置

流体伝動装置は，原理的にはポンプと流体モータや水車とを組み合わせ，一方から機械的仕事を受けていったん流体エネルギーに変換し，さらに再びそれを機械的仕事に変えて伝達するものである．この変換にターボ形機械を利用したものはターボ式流体伝動装置と呼ばれ，機械的伝動装置に比べて効率の点で劣るが，原動軸の衝撃・振動を吸収すること，および原動軸と被動軸の回転速度比を無段階に変えることができる利点があるため，内燃機関とともに用いられることが多い．

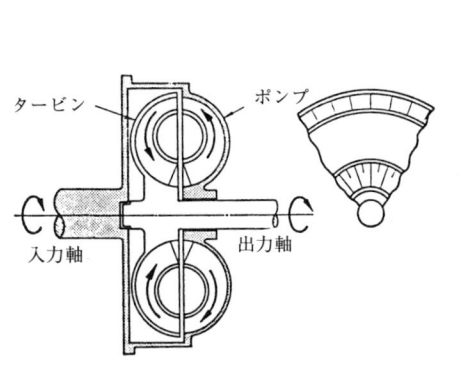

図 8.11 流体継手（古屋ら，1982 より） 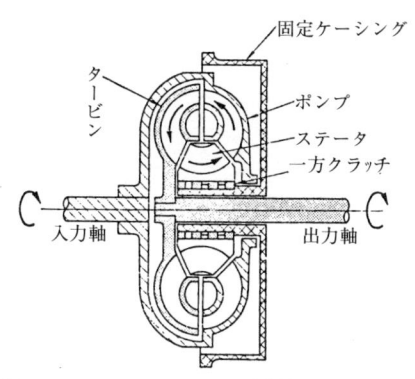　　図 8.12 トルクコンバータ（古屋ら，1982 より）

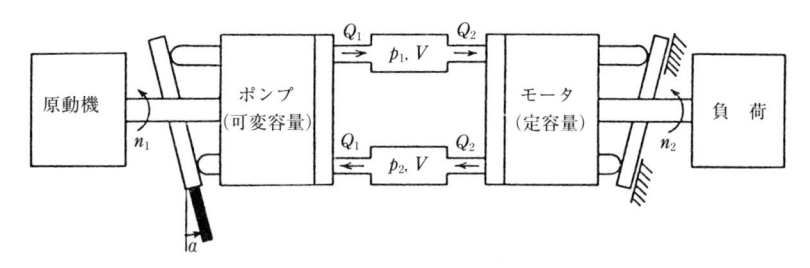

図 8.13 油圧伝動装置（市川・日比，1979 より）

　図 8.11 の装置では，原動軸に取り付けられたポンプと被動軸に取り付けられた水車とが対向しており，この水車とポンプの間に一定量の液体が回転しながら矢印の方向に流れる．流れる間にエネルギー損失がなければ，原動軸と被動軸のトルクは相等しい．このような装置を流体継手という．

　一方，図 8.12 に示す装置では，水車とポンプとの間に固定の案内羽根があり，原動軸と被動軸のトルクは等しくない．これが自動車などに使われる流体トルクコンバータである．

　図 8.13 は可変容量形油圧ポンプと定容量形油圧モータの組み合わせによって構成される油圧伝動装置を示す．この装置は容積形ポンプの押しのけ室の容積を変えることによって，モータの回転速度を広範囲に無段変速可能，正転・逆転の切替にクラッチや歯車が不要であり，出力側の取り付け姿勢や位置を自由に選べるなどの長所を持ち，作業車両の駆動などに用いられている．

9

熱　力　学

　熱力学は，エネルギーの変換，貯蔵，利用など，現代のエネルギー技術を支える重要な理論基盤であり，その単純明快な理論と広範な応用性は，学んでいて楽しさを覚える．本章では機械技術者として必要な熱力学の基本概念を把握し，これをエネルギー技術全般にわたり応用できるようにする．

9.1　熱力学の第1法則

a．系と周囲

　熱力学では現象を考えるとき，対象とする物質を他の部分から区切って考える．この限られた対象物質を系（system）といい，系の外側を周囲（surrounding），系と周囲の境を境界（boundary）と呼んでいる．

　物質が境界を横切って移動しない系を閉じた系（closed system）といい，このとき系内の物質の質量は常に一定に保たれる．図9.1において，シリンダ内壁とピストンに囲まれたガス体は閉じた系である．この系ではピストンの移動とともに境界が変化するが，系内のガスの質量は一定である．

　これに対して，物質が境界を横切って流入および流出する系を開いた系（open system）という．身体の中の血液の流れを考えるとき，心臓は開いた系である．静脈より血液が系に流入し，動脈に流出する．

b．可逆変化と不可逆変化

　図9.1の閉じた系において，ピストンを手で押し込むとガスは圧縮され，手を放すとガスは膨張しピストンは

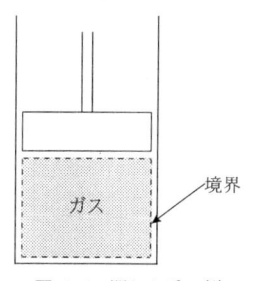

図 9.1　閉じた系の例

押し戻される．損失のない理想的な場合には，圧縮変化で系に加えた仕事は膨張変化で周囲に戻され，ピストンももとの位置に戻される．このように逆向きの変化が可能であり，自然界に何の痕跡も残さずにもとの状態に戻れる変化を可逆変化（reversible change）という．

しかし，現実には摩擦や渦流による損失が生じ，圧縮で加えた仕事がすべて膨張で仕事に戻ることはない．実際の圧縮変化は不可逆変化（irreversible change）になる．

c． 熱力学の第1法則

大昔より人類は木片を擦り合わせて発火させ利用してきた．しかし，このような仕事と熱の関係を正しく理解したのは19世紀になってからである．まず1798年にトンプソン（Benjamin Thompson，後のRumford伯爵）は大砲を作る際の穿孔作業で大砲が熱くなることから，仕事の消費で熱が発生すると気づいた．1842年にメイヤー（Julius R. Mayer）は熱が仕事と等価であると洞察し，さらに，ジュール（James P. Joule）は1843年から1849年までの一連の実験により，熱と仕事の正確な換算係数を明示した．これらをまとめて，熱力学の第1法則（the first law of thermodynamics）は次のようにいい表される．

　「熱は本質的に仕事と同じエネルギーであり，仕事を同量の熱に変えることができ，逆に，熱を同量の仕事に変えることもできる」

自然界には熱と仕事のほかに，運動エネルギー，位置エネルギー，電気エネルギー，化学エネルギーなどさまざまなエネルギーがある．これらのエネルギーは形が違っているだけで本質は同じであり，一つの形から他の形に変わる．しかし，どのような場合にもエネルギーを創造できず，消滅できない．このことを1847年にヘルムホルツ（Hermann L. F. Helmholtz）は次のように表現した．

　「一つの系が保有するエネルギーの総量は，周囲と交換がない限り一定であり，周囲と交換があれば，交換した量だけ増加あるいは減少する」

これは熱力学の第1法則をすべてのエネルギーに拡張し表現したものであり，エネルギー保存の原理（law of conservation of energy）といわれる．

エネルギーの供給なしに無限に仕事をする機械を第1種の永久運動機関（perpetual motion engine of the first kind）という．エネルギー保存の原理から明らかなように，第1種の永久運動機関は存在しない．

d. 閉じた系のエネルギー式

図9.2に示すように，m [kg]の物質からなる閉じた系が微小な状態変化をする場合を考える．静止しているとすれば，系の運動エネルギーや位置エネルギーは変化しない．周囲より熱dQを受け，周囲に仕事dWをするとき，系に含まれるエネルギーがdUだけ増加すれば，熱力学の第1法則より$dU = dQ - dW$となり，次の関係が成り立つ．

$$dQ = dU + dW \tag{9.1}$$

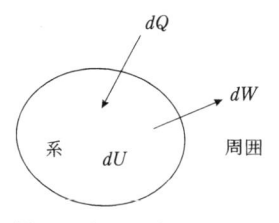

図9.2 閉じた系のエネルギーの関係

ここで，Uは内部エネルギーといい，静止した閉じた系の内部に含まれるエネルギーの総量を表す．物質1kgあたりの内部エネルギーを比内部エネルギーといいuで表す．Uおよびuは状態量であり，系の状態のみにより定まる．

次に，閉じた系が有限の状態変化をする場合を考える．変化前を状態1，変化後を状態2とすると，式 (9.1) より $\int_1^2 dQ = \int_1^2 dU + \int_1^2 dW$ であるので，

$$Q_{12} = U_2 - U_1 + W_{12} \tag{9.2}$$

となる．ただし，$Q_{12} = \int_1^2 dQ$ および $W_{12} = \int_1^2 dW$ は，それぞれ状態1から状態2に変化する間に，系が周囲から受ける熱の総量および周囲にする仕事の総量である．U_1およびU_2は変化前および変化後の内部エネルギーである．

閉じた系が圧力pのもとに体積をdVだけ増加させると，系が周囲にする仕事dWおよびW_{12}はそれぞれ次のようになる．

$$dW = pdV, \qquad W_{12} = \int_1^2 pdV \tag{9.3}$$

図9.3に示すような$p\text{-}V$線図では，W_{12}は変化経路の$p\text{-}V$曲線と横軸の間の面積12341に対応する．しかし，状態変化のはじめの点1と終わりの点2が同じでも，変化の経路が1a2あるいは1b2のように異なれば，W_{12}を表す面積が異なる．すなわち，W_{12}の値は変化経路により異なる．同様に，周囲より受ける熱Q_{12}も系の状態のみでは一義的に定

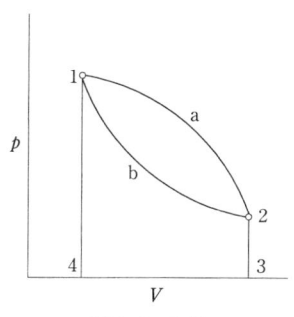

図9.3 仕事

まらず，状態1から状態2までの変化経路により変わる．

e. 開いた系のエネルギー式

図9.4に示すように，流体が時間的に一定の割合で流れる開いた系を考える．系の入口1より Δt 秒間に m [kg] の流体が流れ込み，出口2より同量が流れ出る．この系には流れに伴って，流体の内部エネルギー U，運動エネルギー E_k および位置エネルギー E_p が出入りする．熱力学の第1法則より

$$Q_{12} + U_1 + E_{k1} + E_{p1} = W_{12} + U_2 + E_{k2} + E_{p2} \tag{9.4}$$

の関係が成り立つ．添字1，2はそれぞれ入口と出口の状態を表す．ここで，E_k および E_p は次のように求められる．

$$E_k = \frac{1}{2}mc^2, \qquad E_p = mgz \tag{9.5}$$

Q_{12} は Δt 秒あたりに系が周囲より受ける熱である．W_{f1} を入口での仕事，W_{f2} を出口での仕事，W_{t12} を出入口以外での仕事とすれば，Δt 秒あたりに系が周囲にする仕事 W_{12} は次のように表される．

$$W_{12} = W_{f1} + W_{f2} + W_{t12} \tag{9.6}$$

入口の面積を A_1，圧力を p_1，流速を c_1 とする．入口において流体は Δt 秒あたりに $p_1 A_1$ の力を受けつつ $c_1 \Delta t$ だけ移動するので，開いた系は $p_1 A_1 c_1 \Delta t$ の仕事を受けることになる．仕事は周囲にする方向を正にするので

$$W_{f1} = -p_1 A_1 c_1 \Delta t = -p_1 V_1 = -m p_1 v_1 \tag{9.7}$$

となる．ここで，V_1 は入口状態の流体 m [kg] の体積である．v_1 は流体1 kgあたりの体積で比容積と呼ばれる．同様に出口において

$$W_{f2} = p_2 V_2 = m p_2 v_2 \tag{9.8}$$

が得られる．W_{f1} および W_{f2} は流体の移動で伝えられる仕事であり，「流れ仕事」といわれる．W_{t12} は「工業仕事」である．式 (9.5)，(9.7) および式 (9.8)

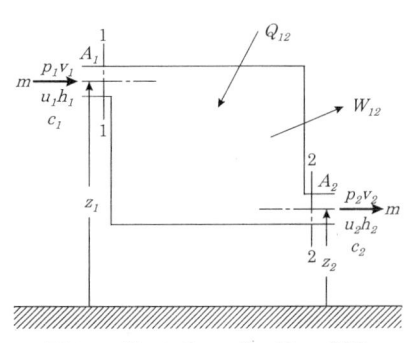

図 9.4 開いた系のエネルギーの関係

を式 (9.4) に代入して整理すると次式が得られる.

$$Q_{12}+\left(U_1+p_1V_1+\frac{1}{2}mc_1{}^2+mgz_1\right)=W_{t12}+\left(U_2+p_2V_2+\frac{1}{2}mc_2{}^2+mgz_2\right) \tag{9.9}$$

ここで，下式に定義されるエンタルピー H および比エンタルピー h を用い，

$$H=U+pV, \qquad h=u+pv \tag{9.10}$$

流体 1 kg について式 (9.9) を書き換えると，次のようになる.

$$q_{12}+\left(h_1+\frac{1}{2}c_1{}^2+gz_1\right)=w_{t12}+\left(h_2+\frac{1}{2}c_2{}^2+gz_2\right) \tag{9.11}$$

ここで，q_{12} および w_{t12} は，流体 1 kg あたりに系が受ける熱および系が周囲にする工業仕事である.

流体が気体の場合には，式 (9.9) および式 (9.11) の位置エネルギー gz の値は他項に比べて小さくなり，省略できることが多い.

式 (9.6) に式 (9.7) と式 (9.8) を代入すると，工業仕事 W_{t12} は次のようになる.

$$W_{t12}=W_{12}-(p_2V_2-p_1V_1)=\int_2^1 Vdp \tag{9.12}$$

図 9.4 に示す開いた系において，流体の出口状態を入口状態に限りなく近づける場合を考える. 系の状態変化は微小になるので，$W_{t12}\to dW_t$, $W_{12}\to dW$, $(p_2V_2-p_1V_1)\to d(pV)$ となり，式 (9.12) は次のようになる.

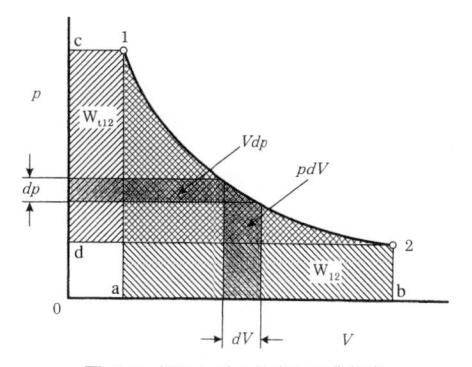

図 9.5 閉じた系の仕事と工業仕事

$$dW_t = dW - d(pV) = -Vdp \tag{9.13}$$

　状態1から状態2に至る変化の様子を p-V 線図に表すと図9.5のようになる．式（9.3）で求める閉じた系の仕事 W_{12} は変化経路を示す p-V 曲線と横軸の間の面積12ba1で，また，式（9.12）で求める工業仕事 W_{t12} は変化経路と縦軸の間の面積12dc1で示される．

9.2　理想気体の状態変化

a．理想気体の状態式

　気体の性質に関して，1662年にボイル（Robert Boyle）は「気体の体積 V は圧力 p に反比例する」ことを実験的に見出した．続いて1782年にシャルル（Jacques A. C. Charles）は「気体の体積 V は温度 T に比例する」ことを発見した．これらの事実をまとめると次のようになり，ボイル-シャルルの法則（Boyle-Charle's law）という．

$$pV = mRT \tag{9.14}$$

　ここで，m [kg] は気体の質量，p [Pa] は圧力，V [m³] は体積，T [K] は温度である．R [J/(kg·K)] は気体定数（gas constant）と呼ばれ，気体の種類により異なる値の定数である．各種の気体に対する特性値を表9.1に示す．

表 9.1　気体の特性値（101.3 kPa, 20℃ において）

気　体	化学式	モル質量 M [kg/mol]	気体定数 R [J/(kg·K)]	密　度 ρ [kg/m³]	定圧比熱 c_p [J/(kg·K)]	定容比熱 c_v [J/(kg·K)]	比熱比 κ —
		$\times 10^{-3}$					
空　気	—	28.97	287.0	1.204	1007	720	1.40
二酸化炭素	CO_2	44.01	188.9	1.839	847	658	1.29
ヘリウム	He	4.002	2077.2	0.166	5197	3120	1.67
アルゴン	Ar	39.95	208.1	1.783	523	315	1.66
水　素	H_2	2.016	4124.6	0.083	14288	10162	1.41
窒　素	N_2	28.01	296.8	1.165	1041	743	1.40
酸　素	O_2	32.00	259.8	1.331	919	658	1.40
メタン	CH_4	16.04	518.3	0.668	2226	1702	1.31
エタン	C_2H_6	30.07	276.5	1.356	1729	1445	1.20
アンモニア	NH_3	17.03	488.2	0.771	2056	1566	1.31
水蒸気	H_2O	18.02	461.5	—	—	—	—

多くの気体は，通常の圧力・温度範囲において，近似的にこの法則によく従う．そこで逆に，ボイル－シャルルの法則に厳密に従う気体を仮定して，これを理想気体と定義する．

b． 比熱，内部エネルギーおよびエンタルピー

理想気体にはボイル－シャルルの法則に従うほかに，さらに次の性質がある．
「理想気体の内部エネルギーは温度だけに依存して決まり，圧力や体積には関係しない」
この性質はジュールが実験的に見出したものであるが，理想気体が式 (9.14) に従うことから出てくる性質である．

一般に，1 kg の物質に dq [J] の熱を与えたときに，温度が dT [K] だけ上昇すると，物質の比熱 (specific hear) c は次のように定義される．

$$c = \frac{dq}{dT} \quad [\mathrm{J/(kg \cdot K)}] \tag{9.15}$$

しかし，熱 dq は変化の途中の経路により変わる量なので，比熱を定義するには変化経路を指定する必要がある．体積一定のもとでの定容比熱 (specific heat at constant volume) c_v および圧力一定のもとでの定圧比熱 (specific heat at constant pressure) c_p は，第1法則の式 $dq = du + pdv = dh - vdp$ を適用すると次のようになる．

$$c_v = \left(\frac{\partial q}{\partial T}\right)_v = \frac{du}{dT}, \quad c_p = \left(\frac{\partial q}{\partial T}\right)_p = \frac{dh}{dT} \quad [\mathrm{J/(kg \cdot K)}] \tag{9.16}$$

ここで，添字 v, p は，それぞれ体積および圧力を一定に保つことを示す．

式 (9.10) より $h = u + pv = u + RT$ であるので，次の関係が得られる．

$$c_p - c_v = R \tag{9.17}$$

定圧比熱 c_p と定容比熱 c_v の比を比熱比 (ratio of specific heats) といい，κ で表す．c_v と c_p を比熱比 κ と気体定数 R で表すと次のようになる．

$$\kappa = \frac{c_p}{c_v}, \quad c_v = \frac{1}{\kappa - 1}R, \quad c_p = \frac{\kappa}{\kappa - 1}R \tag{9.18}$$

m [kg] の理想気体の内部エネルギー U やエンタルピー H の変化量と温度変化の間には，式 (9.16) より次の関係がある．

$$dU = mc_v dT, \qquad dH = mc_p dT \quad [\text{J}] \tag{9.19}$$

理想気体が有限の変化をする場合には，変化のはじめを状態1，変化の終わりを状態2として上式を積分し，次の結果を得る．

$$U_2 - U_1 = mc_v(T_2 - T_1),$$
$$H_2 - H_1 = mc_p(T_2 - T_1) \quad [\text{J}] \tag{9.20}$$

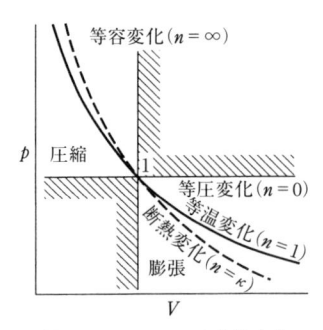

図 9.6 いろいろな状態変化

c. 理想気体の状態変化

1) 等圧変化（constant pressure change）

この変化は圧力一定のもとに行う変化であり，変化のはじめを状態1とすると，変化途中の状態を表す「変化経路の式」は次のように与えられる．

$$\frac{T}{V} = \frac{T_1}{V_1} = \frac{p_1}{mR} = 一定 \tag{9.21}$$

この関係を p-V 線図上に表すと図 9.6 の水平線のようになる．

理想気体が状態1より状態2まで等圧変化するとき，変化の間に系が周囲にする仕事 W_{12} は式 (9.3) および式 (9.14) より次のようになる．

$$W_{12} = \int_1^2 p dV = p_1(V_2 - V_1) = mR(T_2 - T_1) \tag{9.22}$$

系が周囲より受ける熱 Q_{12} は式 (9.16) と式 (9.20) より次のようになる．

$$Q_{12} = H_2 - H_1 = mc_p(T_2 - T_1) \tag{9.23}$$

2) 等容変化（constant volume change）

この変化は体積一定のもとに行う変化である．変化経路の式ははじめを状態1とすれば下式になり，図 9.6 の垂直線のようになる．

$$\frac{T}{p} = \frac{T_1}{p_1} = \frac{V_1}{mR} = 一定 \tag{9.24}$$

気体が状態1より状態2まで変化するときに，系が周囲にする仕事 W_{12} および系が周囲より受ける熱 Q_{12} はそれぞれ次のようになる．

$$W_{12} = \int_1^2 p dV = 0, \qquad Q_{12} = U_2 - U_1 = mc_v(T_2 - T_1) \tag{9.25}$$

3) 等温変化（isothermal change）

温度を一定に保って行う変化であり，変化経路の式は気体の状態式より下式で表される．p-V線図上では図9.6の直角双曲線のようになる．

$$pV = p_1 V_1 = mRT_1 = 一定 \tag{9.26}$$

状態1から状態2まで等温変化するとき内部エネルギーは変化しないので，第1法則の式より周囲にする仕事 W_{12} と周囲より受ける熱 Q_{12} は等しい．

$$W_{12} = Q_{12} = \int_1^2 p\,dV = \int_1^2 mRT_1 \frac{dV}{V} = mRT_1 \ln\frac{V_2}{V_1} = mRT_1 \ln\frac{p_1}{p_2} \tag{9.27}$$

4) 断熱変化（adiabatic change）

系と周囲の間に熱交換のない状態変化である．$dQ=0$ であるので第1法則の式 $dQ = dU + p\,dV = dH - V\,dp$ および式 (9.19) より次の関係が得られる．

$$dU = mc_v dT = -p\,dV, \qquad dH = mc_p dT = V\,dp \tag{9.28}$$

式 (9.28) の第2式を第1式で割ると，$-(dp/p)/(dV/V) = c_p/c_v = \kappa$（比熱比）となり，したがって $dp/p + \kappa dV/V = 0$ となる．これを積分して

$$pV^\kappa = p_1 V_1^\kappa = 一定 \tag{9.29}$$

の関係を得る．これを p-V 線図上に示すと図9.6の曲線のようになる．さらに，気体の状態式を考えると，$T/V^{\kappa-1} = T_1/V_1^{\kappa-1} = 一定$, $T/p^{(\kappa-1)/\kappa} = T_1/p_1^{(\kappa-1)/\kappa} = 一定$ の関係が得られる．これら三つの関係式をまとめると，断熱変化に対する変化経路の式は次のようになる．

$$\frac{T}{T_1} = \left(\frac{V_1}{V}\right)^{\kappa-1} = \left(\frac{p}{p_1}\right)^{(\kappa-1)/\kappa} \tag{9.30}$$

断熱変化では，周囲より供給される熱 Q_{12} は零であるので，系が周囲になす仕事 W_{12} は，変化のはじめを状態1とし，変化の終わりを状態2とすると，次のように求められる．

$$\begin{aligned}
W_{12} &= \int_1^2 p\,dV = p_1 V_1^\kappa \int_1^2 \frac{dV}{V^\kappa} = \frac{p_1 V_1^\kappa}{\kappa-1}\left(\frac{1}{V_1^{\kappa-1}} - \frac{1}{V_2^{\kappa-1}}\right) \\
&= \frac{1}{\kappa-1} mRT_1 \left(1 - \left(\frac{V_1}{V_2}\right)^{\kappa-1}\right) = \frac{1}{\kappa-1} mRT_1 \left(1 - \left(\frac{p_2}{p_1}\right)^{(\kappa-1)/\kappa}\right) \\
&= \frac{1}{\kappa-1} mRT_1 \left(1 - \frac{T_2}{T_1}\right) = mc_v(T_1 - T_2) = U_1 - U_2
\end{aligned} \tag{9.31}$$

5) ポリトロープ変化 (polytropic change)

摩擦損失や熱損失のある実際の機械や装置では，断熱変化と同じ形の次の関係式が成立することが多い．

$$pV^n = p_1 V_1^n = \text{一定} \tag{9.32}$$

このような変化をポリトロープ変化といい，n をポリトロープ指数 (polytropic exporment) という．ポリトロープ変化とは「多くの方向を向いた変化」という意味で，図9.6に示すように式 (9.32) のポリトロープ指数 n の値を適当に選ぶことにより，状態1からいろいろの方向に向いた状態変化を表現できる．たとえば，等圧変化は $n=0$，等容変化は $n=\infty$，等温変化は $n=1$，断熱変化は $n=\kappa$ の場合に相当する．

気体の状態式と式 (9.32) より $T/V^{n-1} = T_1/V_1^{n-1} = $ 一定，$T/p^{(n-1)/n} = T_1/p_1^{(n-1)/n} = $ 一定の関係があり，これらをまとめて次の変化経路の式が得られる．

$$\frac{T}{T_1} = \left(\frac{V_1}{V}\right)^{n-1} = \left(\frac{p}{p_1}\right)^{(n-1)/n} \tag{9.33}$$

ポリトロープ変化では，系が周囲にする仕事 W_{12} は次のようになる．

$$W_{12} = \int_1^2 p dV = p_1 V_1^n \int_1^2 \frac{dV}{V^n} = \frac{p_1 V_1^n}{n-1}\left(\frac{1}{V_1^{n-1}} - \frac{1}{V_2^{n-1}}\right) = \frac{1}{n-1} mRT_1\left(1 - \left(\frac{V_1}{V_2}\right)^{n-1}\right)$$
$$= \frac{1}{n-1} mRT_1\left(1 - \left(\frac{p_2}{p_1}\right)^{(n-1)/n}\right) = \frac{1}{n-1} mRT_1\left(1 - \frac{T_2}{T_1}\right) \tag{9.34}$$

系が周囲より受ける熱 Q_{12} は，第1法則の式に式 (9.20) と式 (9.34) を代入して次のように求められる．

$$Q_{12} = (U_2 - U_1) + W_{12} = \left(\frac{n-\kappa}{n-1}\right) c_v m (T_2 - T_1) = m c_n (T_2 - T_1) \tag{9.35}$$

ただし，$c_n = ((n-\kappa)/(n-1)) c_v$ はポリトロープ変化における比熱である．

なお，ポリトロープ変化の工業仕事 W_{t12} は式 (9.12) より次のようになる．

$$W_{t12} = W_{12} + p_1 V_1 - p_2 V_2 = \frac{n}{n-1} mR(T_1 - T_2) = n W_{12} \tag{9.36}$$

6) 絞り変化 (throttling)

気体が弁やコックなど狭い流路を通過する際には，摩擦や渦流のために流れに

圧力降下を生ずる．このように周囲と熱も仕事も交換せずに，流れの方向に圧力降下させる変化を絞り変化という．

気体が定常的に流れている場合には式（9.11）より，絞り変化の前を状態1，後を状態2として次の関係が成立する．

$$h_1 + \frac{1}{2}c_1^2 = h_2 + \frac{1}{2}c_2^2 \tag{9.37}$$

気体の速度が40 m/s以下の場合，上式の運動エネルギー項はエンタルピー項に比べて省略できるので，次のようにエンタルピーが一定に保たれる．

$$h_1 = h_2 \quad \therefore h = 一定 \tag{9.38}$$

9.3　熱力学の第2法則

a．自然現象の変化の方向

一般に，系には置かれた条件により定まる平衡状態（equilibrium state）がある．平衡状態にない系は常にその条件に応じた平衡状態に向かって変化を続け，ついには平衡状態に達して変化が止まる．系が一度平衡状態に到達すると，その条件が続く限りもはや変化することはなく，ひとりでにもとの状態に戻るような現象は起きない．すべての自然現象において，自発的に進行する変化はその平衡状態に向かって進むのであり，逆方向の変化は決して起きない．

たとえば日常よく経験することであるが，一杯の熱い緑茶を涼しい室内に置くと，室内の空気に熱が逃げ，最後には緑茶は冷めてしまう．しかしながら，熱い緑茶が涼しい室内でさらに熱くなるような現象は決して起きない．自然のままに置かれた状態では，高温度の緑茶から低温度の空気に向かって熱が流れるのが自然変化の進行方向であり，時間が経過して両者の温度が釣り合うと熱の流れも停止する．

自然に起きる現象は，ほとんどすべてがこのように平衡状態に向かって一方向にのみ進行する変化であり，不可逆変化である．自然のままに置かれた状態では逆方向の変化は決して起きない．

b. 熱力学の第2法則

自然に起きる変化には常に一定の方向性があり，不可逆変化である．この人類の長年にわたる経験をもとに，変化の進行方向についての事実を法則としたものが熱力学の第2法則（the second law of thermodynamics）である．

1850年にクロジュース（Rudolph J. E. Clausius）は第2法則を次のように表現している．

「熱はそれ自身で低温部分より高温部分に向かって流れることはない」

また，トムソン（William Thomson，後のLord Kelvin）は1848年に次のように述べている．

「自然界に何らの変化も残さないで，一定温度の熱源の熱を全部仕事に変える機械を作ることはできない」

熱力学の第2法則に対する上記の二つの表現は，まったく異なる内容を表すように見えるが，二つの表現は同一である．いま，高温熱源より熱 Q_1 を受け，外部に仕事 W をなし，低温熱源に熱 Q_2 を放出する熱機関を考える．このとき第1法則より $W=Q_1-Q_2$ の関係が成立する．ここで，クロジュースの表現を否定して，熱 Q_2 がひとりで低温熱源より高温熱源に移動するものとすれば，この熱機関は高温熱源より (Q_1-Q_2) の熱を受けて，これを全部仕事に変換できることになる．これはトムソンの表現に矛盾する．逆にトムソンの表現を否定して，低温熱源より熱を受け，これを完全に仕事に変換する機械があれば，この仕事を摩擦により高温度の熱に変換できるので，クロジュースの表現に矛盾する．したがって，熱力学の第2法則に対するこれら二つの表現はまったく同一の内容を表し，一つは他より必然的に導かれる結果である．

一つの熱源からの熱を，ほかには何の変化も及ぼさないで，連続的に仕事に変える熱機関を第2種の永久運動機関（perpetual motion engine of the second kind）というが，第2法則よりこのような熱機関は存在しない．

c. 熱機関および冷凍機のサイクル

一般に，物質がある状態から出発して，連続的にさまざまな状態変化をした後に，再びもとの状態に戻るような一連の変化をサイクル（cycle）という．

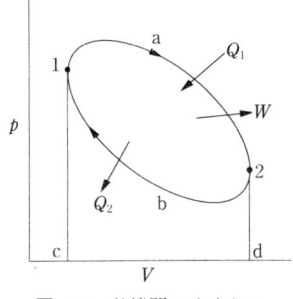

図 9.7 熱機関のサイクル

熱機関（heat engine）では熱を仕事に連続的に変換するために，水蒸気や燃焼ガスなど作業物質（working substance）のサイクルを利用する．

サイクルの変化経路を p-V 線図上に表すと，図9.7の閉曲線 1a2b1 のようになる．ここで，膨張変化 1a2 で作業物質が周囲にする仕事は面積 1a2dc1 に，圧縮変化 2b1 で作業物質が周囲から受ける仕事は面積 2b1cd2 になる．したがって，1サイクル間に作業物質が周囲にする仕事 W は閉曲線に囲まれた面積 1a2b1 で表される．

作業物質は1サイクルの間に高温熱源より熱 Q_1 を受け，その一部を仕事 W に変え，残りの熱 Q_2 を低温熱源に捨て，自らははじめの状態に戻る．内部エネルギー U は1サイクルごとにはじめの値になるので，第1法則の式は1サイクルについて $W = Q_1 - Q_2$ となる．

一般に，熱機関では受熱量 Q_1 に対する仕事 W の割合を熱効率（thermal efficiency）η と名づける．

$$\eta = \frac{W}{Q_1} \tag{9.39}$$

冷凍機（refrigerator）およびヒートポンプ（heat pump）のサイクルは，熱機関サイクルの逆向きのサイクルとなる．冷凍機もヒートポンプも周囲より仕事 W を受け，低温熱源から高温熱源に熱を移動させる．冷凍機では低温熱源より吸収する熱量 Q_2 を，ヒートポンプでは高温熱源に吐き出す熱量 Q_1 を利用する．それぞれ利用する熱量に対する供給仕事 W の比を成績係数（coefficient of performance）ε と呼ぶ．

冷凍機の成績係数 ε_R およびヒートポンプの成績係数 ε_H はそれぞれ次のように定義される．

$$\varepsilon_R = \frac{Q_2}{W} = \frac{Q_2}{Q_1 - Q_2}, \quad \varepsilon_H = \frac{Q_1}{W} = \frac{Q_1}{Q_1 - Q_2} = \varepsilon_R + 1 \tag{9.40}$$

d．カルノーサイクル

1) カルノーサイクルおよび逆カルノーサイクル

1824年にカルノー（Nicolas L. S. Carnot）は図

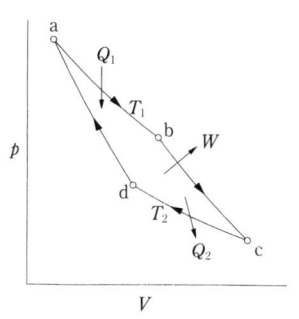

図 9.8 カルノーサイクルの p-V 線図

9.8に示すような二つの可逆等温変化と二つの可逆断熱変化よりなるサイクルを考案した．これはカルノーサイクル (Carnot cycle) と呼ばれ，あらゆる熱機関サイクルの中で最高の熱効率を示す．

いま，作業物質を m [kg] の理想気体とすれば，等温膨張 ab の間に高温熱源より受ける熱 Q_1，等温圧縮 cd の間に低温熱源に捨てる熱 Q_2 および1サイクル間に周囲にする仕事 W はそれぞれ次のようになる．

$$Q_1 = W_{ab} = mRT_1 \ln\frac{V_b}{V_a}, \quad Q_2 = W_{dc} = mRT_2 \ln\frac{V_c}{V_d}, \quad W = Q_1 - Q_2 \tag{9.41}$$

変化 bc と変化 da はいずれも可逆断熱変化であるので次の関係があり，

$$\frac{T_1}{T_2} = \left(\frac{V_c}{V_b}\right)^{\kappa-1} = \left(\frac{V_d}{V_a}\right)^{\kappa-1} \quad \therefore \frac{V_b}{V_a} = \frac{V_c}{V_d}$$

これを式 (9.41) に代入すると，次の重要な関係が得られる．

$$\frac{Q_1}{T_1} = \frac{Q_2}{T_2} \tag{9.42}$$

すなわち，カルノーサイクルの熱効率は次のように表すことができる．

$$\eta_c = \frac{W}{Q_1} = \frac{Q_1 - Q_2}{Q_1} = \frac{T_1 - T_2}{T_1} \tag{9.43}$$

上記の可逆サイクルを逆方向に作動させると，作業物質の行うサイクルは adcba のように反時計まわりの逆カルノーサイクルになる．このサイクルでは，周囲より仕事 W を受けて，温度 T_2 の低温熱源より熱 Q_2 を吸収し，温度 T_1 の高温熱源に熱 Q_1 を出すことになり，冷凍機やヒートポンプの理想サイクルとなる．冷凍機の成績係数 ε_{RC} およびヒートポンプの成績係数 ε_{HC} はそれぞれ次のようになる．

$$\varepsilon_{RC} = \frac{Q_2}{W} = \frac{T_2}{T_1 - T_2}, \quad \varepsilon_{HC} = \frac{Q_1}{W} = \frac{T_1}{T_1 - T_2} = \varepsilon_{RC} + 1 \tag{9.44}$$

2) カルノーサイクルの性質

カルノーサイクルの熱効率と一般の不可逆サイクルの熱効率に関して，熱力学の第2法則より次の関係が導かれる．

(1) カルノーサイクルの熱効率は高温熱源温度と低温熱源温度のみにより決

まり，作業物質の違いには無関係である．

(2) カルノーサイクルの熱効率は，同じ温度範囲で働く不可逆サイクルの熱効率よりも高い．

図 9.9 のように，同じ熱源の間で運転される AB 二つの熱機関を考えてみる．いずれも高温熱源より熱 Q を受け，外部になす仕事がそれぞれ W_A, W_B, 低温熱源に出す熱がそれぞれ Q_A, Q_B になるものとする．

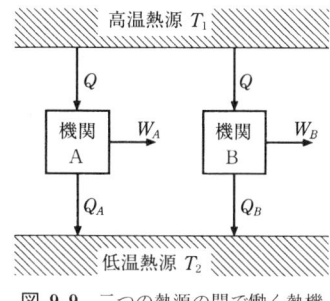

図 9.9 二つの熱源の間で働く熱機関の効率

上記 1 の関係を証明するために，AB いずれもカルノーサイクルを行う可逆熱機関で，A は作業物質 A を用い，B は理想気体を用いるものと仮定する．A の熱効率の方が B の熱効率よりも高いと仮定すれば，$W_A > W_B$, $Q_A < Q_B$ の関係が成立する．ここで，熱機関 B の運転方向を逆転させ冷凍機としたうえで，熱機関 A と冷凍機 B を組み合わせた装置を考えると，この装置では高温熱源が不要になり，低温熱源より熱 $(Q_B - Q_A)$ を吸収し，これをすべて仕事に変換する．これは第 2 法則に違反するので $W_A \leq W_B$ でなければならない．次に，B の熱効率が A の熱効率よりも高いと仮定し同様の考察を続けると，再び第 2 法則に反するので $W_A \geq W_B$ でなければならない．ゆえに $W_A = W_B$, すなわち上記 1 の関係が成立する場合にのみ第 2 法則に違反しないと結論できる．

上記 2 の関係も同じように証明できる．

9.4 エントロピー

a. 可逆変化におけるエントロピーの変化

前節で述べたように，温度 T_1 の高温熱源より熱 Q_1 を受け，温度 T_2 の低温熱源に熱 Q_2 を捨てるものとすれば，式 (9.42) が成り立つ．一般的に考察するために，周囲より系に入る熱を正として扱うようにすれば，低温熱源に捨てる熱は $-Q_2$ となり，式 (9.42) は次のようになる．

$$\frac{Q_1}{T_1} + \frac{Q_2}{T_2} = 0 \tag{9.45}$$

図9.10のように,一般の可逆サイクルを多数の断熱線と等温線により分割近似して,多数の微小なカルノーサイクルの集合に置き換えてみる.図中の第($j-1$)番目のサイクルと第j番目のサイクルの境界では,破線で示す変化は両サイクルの方向が互いに逆になるため相殺され,結局,実線で示される変化が残ることになる.この場合,それぞれ温度$T_1, T_2, \cdots, T_n$のn個の熱源より熱$Q_1, Q_2, \cdots, Q_n$を受けるものとすれば,次式が成立することになる.

$$\sum_{j=1}^{n} \frac{\Delta Q_j}{T_j} = 0 \tag{9.46}$$

ここで断熱線の数を無数に増すと,検討している任意の可逆サイクルに対し,上式は次のように積分の形に書き換えられる.

$$\oint \frac{dQ}{T} = 0 \tag{9.47}$$

ここで$\oint$はサイクルの変化経路に沿って1周する線積分の意味である.この積分をクロジュースの積分(Clausius' integral)という.このように,一般に可逆サイクルではクロジュースの積分が零になる.

次に図9.11のように,ある系が状態1および状態2を通る任意の可逆サイクルを行う場合を考える.このサイクルにおいて変化経路を1a2と2b1に分けて考えると,クロジュースの積分より,

$$\oint \frac{dQ}{T} = \int_{1 \to a}^{2} \frac{dQ}{T} + \int_{2 \to b}^{1} \frac{dQ}{T} = 0 \quad \therefore \int_{1 \to a}^{2} \frac{dQ}{T} = \int_{1 \to b}^{2} \frac{dQ}{T} \tag{9.48}$$

となる.この式は系が状態1から状態2まで状態変化するとき,dQ/Tを積分した値が途中の変化経路によらず一定値になることを示している.ここで,積分の

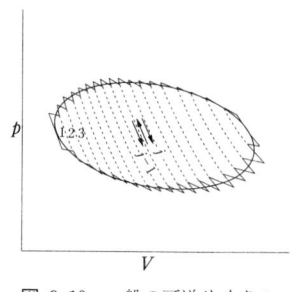

図9.10 一般の可逆サイクル 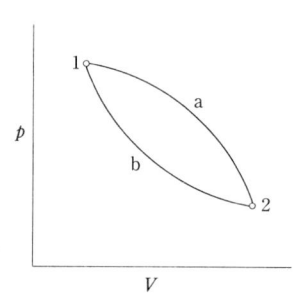　　　図9.11 任意の可逆サイクル

下限を常に基準点 st に固定することにすれば，積分値は上限の状態点のみにより決まり，一種の状態量となる．この状態量をエントロピー（entropy）と名づけ S で表す．

$$S=\int_{st}\frac{dQ}{T}, \qquad dS=\frac{dQ}{T} \quad [\text{J/K}] \tag{9.49}$$

ただし，dQ は系が周囲より受ける熱であり，dS は系のエントロピー増加量である．なお，物質が状態1より状態2まで可逆変化をする場合には，エントロピー変化は次のようになる．

$$S_2-S_1=\int_1^2\frac{dQ}{T} \quad [\text{J/K}] \tag{9.50}$$

b．不可逆変化におけるエントロピーの変化

図9.9のように共通の熱源の間に働く二つの熱機関を考える．機関Aは可逆機関であり，温度 T_1 の高温熱源より熱 Q_1 を受け，温度 T_2 の低温熱源に熱 Q_A を出す．また機関Bは不可逆機関であり，高温熱源より機関Aと同量の熱 Q_1 を受け，低温熱源に熱 Q_2 を出すものとする．不可逆サイクルの熱効率はカルノーサイクルの熱効率よりも小さいので，次の関係が成り立つ．

$$\eta_B=\frac{Q_1-Q_2}{Q_1}=1-\frac{Q_2}{Q_1}<\eta_A=\frac{T_1-T_2}{T_1}=1-\frac{T_2}{T_1} \qquad \therefore \frac{Q_2}{Q_1}>\frac{T_2}{T_1} \tag{9.51}$$

前項と同様に熱の流れ方向に対する符号の約束を用いて上式を書き換えると，一般の不可逆サイクルに対するクロジュースの積分が次のように求まる．

$$\frac{Q_1}{T_1}+\frac{Q_2}{T_1}<0 \qquad \therefore \oint\frac{dQ}{T}<0 \tag{9.52}$$

次に，一般の不可逆サイクルにおけるエントロピーの変化を調べる．図9.11において変化1a2は不可逆変化とし，変化2b1は可逆変化とする．不可逆サイクル1a2b1についてクロジュースの積分は次のようになる．

$$\oint\frac{dQ}{T}=\int_{1\to a}^2\frac{dQ}{T}+\int_{2\to b}^1\frac{dQ}{T}<0 \qquad \therefore \int_{1\to a}^2\frac{dQ}{T}<\int_{1\to b}^2\frac{dQ}{T}=S_2-S_1 \tag{9.53}$$

上式の右辺の最後の関係は変化1b2が可逆変化であることより得られる．

前項と同様に式（9.53）の積分下限を常に基準点 st に固定することにすれば，エントロピーに関して次の関係が得られる．

$$S > \int_{st} \frac{dQ}{T}, \quad dS > \frac{dQ}{T}, \quad S_2 - S_1 > \int_1^2 \frac{dQ}{T} \tag{9.54}$$

c． 熱力学の第2法則のエントロピーによる表現

系が周囲より熱 dQ を受けるとき，式（9.49）および式（9.54）より次の関係が得られる．

$$dS \geq \frac{dQ}{T} \tag{9.55}$$

ここで，T は系の温度，dS は系のエントロピーの増加である．この式は熱力学の第2法則をエントロピーで表現したものであり，可逆変化の場合には上式は等号となり，不可逆変化の場合には不等号となる．

周囲と熱交換しない系を断熱系といい，周囲と熱も仕事も交換しない系を孤立系と云う．これらの系では $dQ=0$ であるので，上式は次のようになる．

$$dS \geq 0 \tag{9.56}$$

すなわち断熱系および孤立系では，変化が可逆的に行われるならば系のエントロピーは一定に保たれ，変化が不可逆的に行われるならば系のエントロピーは増加する．

系が周囲と熱や仕事を交換しながら状態を変える場合でも，熱や仕事を交換するすべての系を包含する大きな系を考えると孤立系になる．このような系では，系を構成する個々の系のエントロピーには増減があるが，大きな系全体ではエントロピーの総和が増加する方向に変化が進行し，エントロピーの総和が極大値に到達した状態で変化が止まり平衡状態となる．このようにエントロピーは現象の不可逆性を表す一つの物理量である．

自然変化の進行方向を規定する熱力学の第2法則は，エントロピー増加の法則ともいわれ次のように表すことができる．

「孤立系のエントロピーの総和は，系内に可逆変化が生じても変わらないが，不可逆変化を生ずると増加する」

d. 物質のエントロピー

1) 固体および液体のエントロピー

固体や液体では膨張係数が小さいので，第1法則の式 $dQ=dU+pdV$ の体積変化による仕事 pdV は dU や dQ に比べて微小になり省略できる．これより m [kg] の固体あるいは液体のエントロピー増加 dS は，その比熱を c とすれば，次のように求めることができる．

$$dS = \frac{dQ}{T} = \frac{dU+pdV}{T} = mc\frac{dT}{T} \quad [\text{J/K}] \tag{9.57}$$

固体や液体が状態1より状態2に変化する場合には，比熱 c を一定とみなすと次のようになる．

$$S_2 - S_1 = \int_1^2 mc\frac{dT}{T} = mc\ln\frac{T_2}{T_1} \quad [\text{J/K}] \tag{9.58}$$

2) 理想気体のエントロピー

エントロピーの定義を表す式 (9.49) に第1法則の式 $dQ=dU+pdV$ を代入すると，m [kg] の理想気体に対して次の関係式が得られる．

$$dS = \frac{dQ}{T} = \frac{mc_v dT + pdV}{T} \tag{9.59}$$

理想気体では状態方程式 $pV=mRT$ より $dp/p + dV/V = dT/T$ の関係がある．これと $c_p - c_v = R$ の関係を使うと，上式より p, V, T のいずれか一つを消去することができ，次の関係が得られる．

$$dS = m\left(c_v\frac{dT}{T} + R\frac{dv}{v}\right) = m\left(c_p\frac{dT}{T} - R\frac{dp}{p}\right) = m\left(c_p\frac{dv}{v} + c_v\frac{dp}{p}\right) \tag{9.60}$$

比熱が温度に依存しない場合には，上式を積分すると次のようになる．

$$S_2 - S_1 = m\left(c_v\ln\frac{T_2}{T_1} + R\ln\frac{v_2}{v_1}\right) = m\left(c_p\ln\frac{T_2}{T_1} - R\ln\frac{p_2}{p_1}\right) = m\left(c_p\ln\frac{v_2}{v_1} + c_v\ln\frac{p_2}{p_1}\right) \tag{9.61}$$

e. 温度-エントロピー線図

可逆変化の際には，式 (9.49) より，系が周囲より受ける熱 dQ はエントロピーの増加 dS を用いて次のように表現できる．

図 9.12 T-S 線図

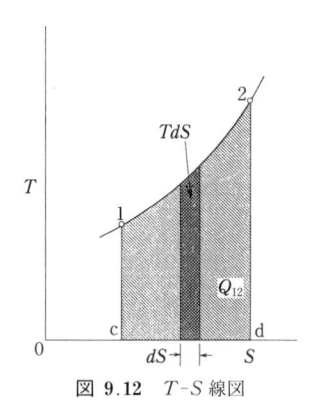

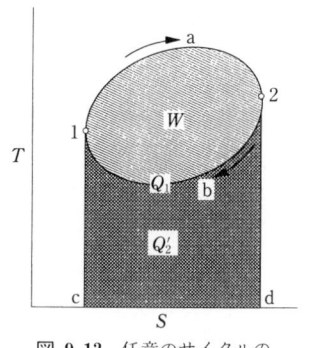

図 9.13 任意のサイクルの T-S 線図

$$dQ = TdS \tag{9.62}$$

図 9.12 に示す温度 T を縦軸に，エントロピー S を横軸にとった T-S 線図 (T-S diagram) について考えると，状態 1 から状態 2 まで可逆変化する間に系が周囲より受ける熱 Q_{12} は次のように曲線 12 と横軸の間の面積で表される．

$$Q_{12} = \int_1^2 TdS = \text{面積 12dc1} \tag{9.63}$$

系がサイクルを行うときには，その変化は T-S 線図上では図 9.13 の閉曲線 1a2b1 のように表される．このサイクルを二つの部分に分けて考えると，系は変化 1a2 で面積 1a2dc1 に相当する熱 Q_1 を周囲より受け，変化 2b1 で面積 2b1cd2 に相当する熱 Q_2 を周囲に出す．1 サイクルあたりに系が周囲になす仕事 W は閉曲線 1a2b1 で囲まれる面積で表される．したがって，このサイクルの熱効率は次のようになる，

$$\eta = \frac{W}{Q_1} = \frac{[1a2b1]}{[1a2dc1]} \tag{9.64}$$

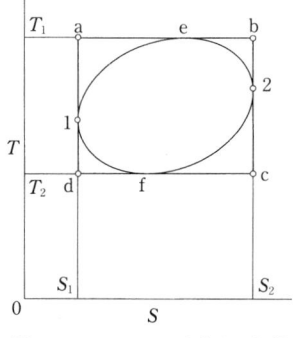

図 9.14 カルノーサイクルと任意のサイクルの比較

次に，最高温度 T_1 と最低温度 T_2 の間で働く，カルノーサイクルの熱効率 η_c と不可逆サイクルを含む一般サイクルの熱効率 η を比較する．図 9.14 は不可逆サイクル 1e2f1 とカルノーサイク

ル abcda を同時に示した T-S 線図である．簡単のために，エントロピーの最小値 S_1 および最大値 S_2 は二つのサイクルで一致するものとする．カルノーサイクルが周囲より受ける熱 Q_{1c} は面積 abS_2S_1a で表され，周囲に出す熱 Q_{2c} は面積 cdS_1S_2c で表される．不可逆サイクルでは周囲より受ける熱 Q_1 は面積 $1e2S_2S_11$，周囲に出す熱 Q_2 は面積 $2f1S_1S_22$ で表される．明らかに $Q_{1c} > Q_1$, $Q_{2c} < Q_2$ であるので次の関係が成り立つ．

$$\eta_c = \frac{Q_{1c}-Q_{2c}}{Q_{1c}} = 1 - \frac{Q_{2c}}{Q_{1c}} > 1 - \frac{Q_2}{Q_1} = \frac{Q_1-Q_2}{Q_1} = \eta \quad (9.65)$$

なお式 (9.43) のようにカルノーサイクルの熱効率は温度 T_1, T_2 のみの関数であるので，上記の議論は S_1, S_2 が二つのサイクルで一致しない場合でも成立する．すなわち「カルノーサイクルの熱効率は，同一温度範囲で働く一般の（不可逆）サイクルの熱効率よりも高い」という前述の結果を，T-S 線図からもよく理解できる．

このように T-S 線図を用いると，一般のサイクルがカルノーサイクルに比べてどの程度に不完全であるか，またサイクルのどの部分が不完全であるかを，視覚的に明瞭に知ることができる．

10
熱 機 関

　図 10.1 は熱機関におけるエネルギー変換を示す．熱エネルギーは通常，燃料の持つ化学エネルギーから燃焼反応によって，あるいは核燃料の持つ核エネルギーから核分裂反応によって得られるが，この熱エネルギーを力学エネルギー（動力とも呼ばれる）に変換する機械を熱機関という．力学エネルギーは輸送が困難なため，一度電気エネルギーに変換し，遠隔地に輸送した後，再び力学エネルギーに変換して有効な仕事を得ることが多い．

　熱機関はすべて，作動流体と呼ばれる媒体に，図 10.2 に示すような四つの過程からなるサイクルを行わせることによって運転される．作動流体はまず圧縮され，ついで多くの場合燃焼熱によって加熱される．高温高圧にされた作動流体は膨張過程に至り，この過程で機械的仕事を行い，仕事を終えた作動流体は次の冷却過程で最初の状態に戻される．

図 10.1 熱機関のエネルギー変換

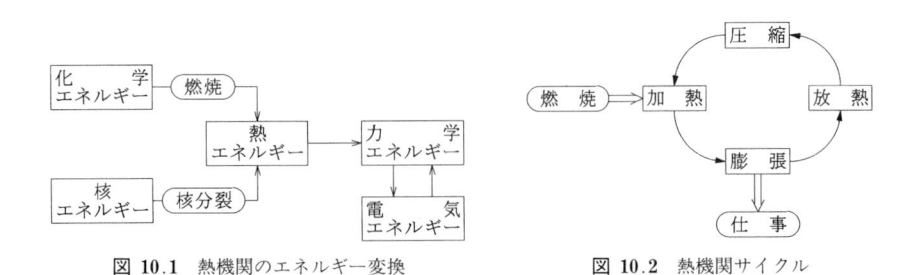

図 10.2 熱機関サイクル

表 10.1 熱機関の種類

内燃機関	往復動機関	ガソリン機関
		ディーゼル機関
	回転式機関——ガスタービン	
外燃機関——蒸気原動機（ボイラ・蒸気タービン）		

代表的な熱機関は作動形式で分類すると表10.1のようになる．熱機関は内燃機関と外燃機関に大別される．内燃機関は，燃料が空気中で燃焼し，高温高圧になった燃焼ガスが作動流体として直接ピストンやタービンに作用して仕事をする方式である．燃焼が作動流体中で行われるため内燃機関と呼ばれる．一方外燃機関においては，燃焼はボイラあるいは加熱器内で行われ，管の中を流れる作動流体（水やガスなど）を加熱して高温高圧の蒸気あるいはガスを作り，これをタービンに作用させる．すなわち，燃焼は作動流体の外部で行われ，作動流体は間接的に加熱されるため，これを外燃機関と呼ぶ．

内燃機関は往復動機関と回転式機関とに分かれる．往復動内燃機関は，燃焼ガスのエネルギーをピストンの往復運動とクランク軸の回転運動により機械仕事に変換する熱機関で，代表的なものとしてガソリン機関（火花点火機関）とディーゼル機関（圧縮点火機関）がある．一方ガスタービンなどの回転式内燃機関では，燃焼ガスのエネルギーが高速ガスの流れとなり，これがタービン翼車の回転運動に変換され，機械仕事が得られる．

代表的な外燃機関である蒸気原動機（ボイラ・蒸気タービン）においては，作動流体の水をボイラで加熱することによって高温高圧の水蒸気を作り，高速の水蒸気流を蒸気タービンに作用させて翼車の回転運動を得ている．ボイラ・蒸気タービンは火力発電用など大出力機関として広く使用されている．

10.1 燃　　焼

熱機関への熱の供給は主として燃焼によって行われる．燃焼は燃料と空気中の酸素とによる発熱化学反応である．燃料として用いられるのは一般に気体，液体あるいは固体の化石燃料で，いずれも炭素（C）および水素（H）を主構成元素とする有機化合物である．

気体燃料の燃焼法は予混合燃焼と拡散燃焼に大別される．燃料と空気とをあらかじめ混合してから燃焼場に供給する方法を予混合燃焼と呼び，燃料と空気を別々に供給する方法を拡散燃焼と呼ぶ．ガソリン機関の燃焼は前者の予混合燃焼に近く，この場合は，火炎は均質な可燃混合気中を伝播し，燃焼領域を拡大させる．それに対して，後者の拡散燃焼においては燃料流と空気流の境界に火炎が形成され，燃料ガスと酸素がその火炎に向かって拡散混合する形態をとる．この火

炎形態は安定性がよく，工業用バーナではこの燃焼法を用いることが多い．

液体燃料は噴霧燃焼によって燃やされることが多い．噴霧燃焼は燃料を微細液滴からなる霧状噴流にして燃焼させる方法で，通常は拡散燃焼の一形態と見られるが，ディーゼル機関においては着火直後は予混合的燃焼，その後は拡散燃焼が行われると考えられる．熱機関用に使用される固体燃料はそのほとんどが石炭であるが，石炭の燃焼法としては火格子燃焼，微粉炭燃焼，流動床燃焼などがある．

燃焼排ガス中の主な環境汚染物質としては一酸化炭素（CO），未燃炭化水素（HC），すすなどの粒状物質，窒素酸化物（NO_x），硫黄酸化物（SO_x）などがある．一酸化炭素，未燃炭化水素および粒状物質は不完全燃焼によって発生し，粒状物質はその発がん性が問題とされる．窒素酸化物は空気中の窒素によって生成されるものと，燃料に含まれる窒素によるものとがある．NO_xはそれ自体有害であるが，太陽光の照射のもとに未燃炭化水素と反応して光化学スモッグを発生させ，また硫黄酸化物とともに酸性雨の原因ともなる．燃料中に硫黄分があるとそのほとんどすべてが硫黄酸化物に変換されるため，硫黄酸化物の排出を避けるためには，硫黄分が含まれていない燃料を使用するか，後処理によって排気中の硫黄酸化物を取り除く方法を用いている．

10.2 往復動内燃機関

a．ガソリン機関

ガソリン機関は火花点火機関とも呼ばれ，自動車の原動機としてよく使用される．ガソリンなど気化しやすい燃料と空気との混合気を圧縮した後，電気火花により点火し，燃焼・膨張により仕事を得る．図10.3はこの機関を模式的に描いたもので，気化器，点火プラグ，シリンダ，ピストン，連接棒，クランク軸などにより構成されている．ピストンが下降すると吸気弁が開き，気化器で得られた燃料と空気の混合気がシリンダ内に吸入される．ピストンが最下点（下死点と呼ぶ）に達すると吸気弁は閉じ，ピストンは上昇しはじめ，シリンダ内の混合気が圧縮される．ピストンが最上点（上死点と呼ぶ）に来たとき点火プラグにより電気火花が飛ばされ，点火されると混合気は燃焼・膨張し，下死点に達する．ついで，ピストンは慣性によって再び上死点に向かい，この間に排気弁が開き，仕事

10.2 往復動内燃機関

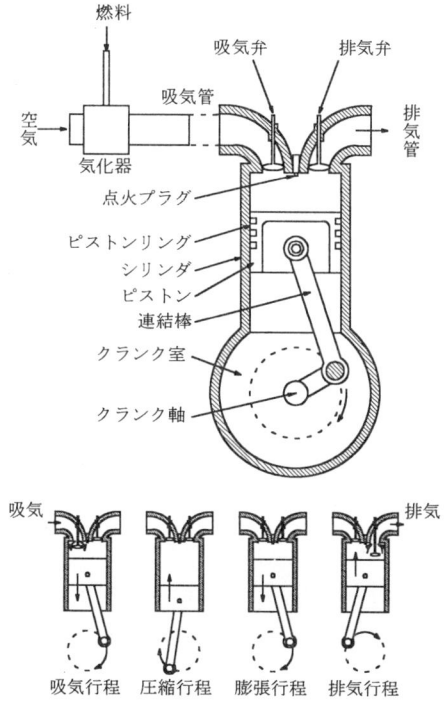

図 10.3 ガソリン機関の機構

を終えた燃焼ガスが排気される.

　ガソリン機関の理論サイクルはオットーサイクルと呼ばれ，そのサイクル線図を図 10.4 に示す．p, V はシリンダ内で状態変化する作動流体の圧力および容積を表す．オットーサイクルは $1 \to 2$ の断熱圧縮，$2 \to 3$ の等容加熱，$3 \to 4$ の断熱膨張，$4 \to 1$ の等容放熱から構成されており，$0 \to 1$ は吸気工程，$1 \to 0$ は排気工程を示す．作動流体として完全ガスを想定したオットーサイクルの理論熱効率 η は次のように表せる．

$$\eta = 1 - \left(\frac{1}{\varepsilon}\right)^{\kappa-1} \tag{10.1}$$

$$\varepsilon = \frac{V_1}{V_2} \tag{10.2}$$

ε は圧縮比と呼ばれ，下死点におけるシリンダ内容積 V_1 と上死点における容積 V_2 の比，κ は作動流体の比

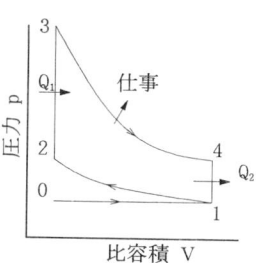

図 10.4 オットーサイクル

熱比である．式 (10.1) よりオットーサイクルの熱効率は圧縮比のみの関数となり，圧縮比を上げることによって高くなることがわかる．しかし現実には，ノッキングの発生のため圧縮比は 9～10 程度に抑えられる．

ガソリン機関においては，点火プラグによって作られた火炎核が成長し，火炎伝播によって燃焼が完結するのが正常な燃焼である．しかるに，燃焼の進行につれて燃焼ガスによって未燃混合気（エンドガス）が圧縮加熱され，自発着火を起こす場合があり，この現象をノッキングという．この場合は多量の燃料が一瞬に燃焼するため圧力波が発生し，この圧力波がシリンダ壁などに繰り返し衝突し，壁面に損傷を与えることがある．圧縮比を高くするとエンドガスは着火しやすくなり，したがってノッキングが発生しやすくなる．その結果，ガソリン機関においては圧縮比を大きくとることができず，それが熱効率向上への一つの障害になっている．

b．ディーゼル機関

ディーゼル機関は圧縮点火機関とも呼ばれ，ガソリン機関と比較して，熱効率および耐久性にすぐれているため，トラックやバスなどの大型自動車用，建設機械用，船舶用などに使用される．機関の構造や作動原理は図 10.3 に示すガソリン機関とほぼ同じであるが，ディーゼル機関には気化器や点火プラグはなく，圧縮行程では空気のみが圧縮され，得られた高温高圧空気に上死点付近で軽油などの液体燃料を霧状にして噴射する．蒸発した燃料蒸気は高温空気と混合して自発着火し，爆発的な燃焼・膨張を通して仕事を行う．

小型で高速のディーゼル機関は図 10.4 に示すオットーサイクルに近い p-V 線図を示すが，大型で低速の機関は図 10.5 に示すようなディーゼルサイクルを行う．ディーゼルサイクルは $1\to 2$ の断熱圧縮，$2\to 3$ の等圧加熱，$3\to 4$ の断熱膨張および $4\to 1$ の等容放熱の 4 行程によって構成され，加熱が等圧で行われる点がガソリン機関と異なる．

ディーゼルサイクルの理論熱効率 η は次のように表せる．

$$\eta = 1 - \left(\frac{1}{\varepsilon}\right)^{\kappa-1} \frac{\sigma^{\kappa}-1}{\kappa(\sigma-1)} \tag{10.3}$$

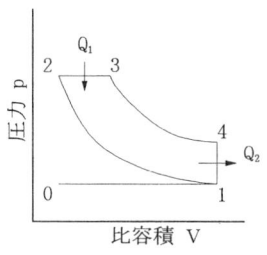

図 10.5　ディーゼルサイクル

$$\sigma = \frac{V_3}{V_2} \tag{10.4}$$

σ は等圧膨張比と呼ばれ，図 10.5 の点 3 と点 2 における作動流体の容積，V_3 と V_2 の比である．ディーゼルサイクルの熱効率は圧縮比 ε が大きいほど増加し，等圧膨張比 σ が大きいほど減少する．また，同じ圧縮比ではオットーサイクルより熱効率は劣るが，前述のように，ガソリン機関においてはノッキング発生のため圧縮比を大きくできないのに対し，ディーゼル機関においては燃焼機構の違いからガソリン機関で見られるようなノッキングは発生しない．その結果，ディーゼル機関では圧縮比を 18～23 と大きくとることができるため，その熱効率はガソリン機関より高いのがふつうである．

10.3 ガスタービン機関

　ガスタービン機関は図 10.6 に示すように，回転式の軸流圧縮機で圧縮した空気に燃焼によって熱を加え，得られた高温高圧ガスをタービンの羽根に当て，そのエネルギーを回転仕事に変える熱機関である．図のようにタービンと圧縮機の回転軸は結合されており，タービンで得られた回転仕事のうちのかなりの部分が圧縮機の駆動に使われ，残りが有効仕事になる．タービン軸の右端に出力軸を接続し，発電機，プロペラ，車軸の駆動などに用いられる．ターボジェットエンジンでは有効仕事を軸出力としては取り出さず，タービン出口に排気ノズルを接続し，排気を高速で大気中に噴出させ，運動エネルギーとして取り出して飛行機の推進力を得ている．

　ガスタービンの理論サイクルはブレイトンサイクルと呼ばれ，図 10.7 に示すように，1→2 の断熱圧縮，2→3 の等圧加熱，3→4 の断熱膨張，4→1 の等圧

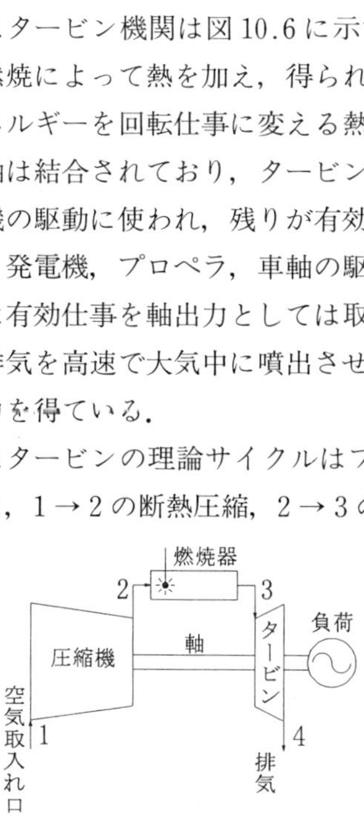

図 10.6　ガスタービン機関の機構 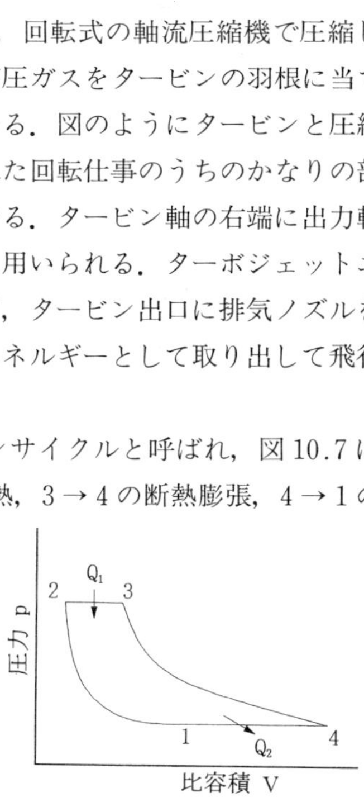　　　図 10.7　ブレイトンサイクル

放熱の4行程から構成される．ブレイトンサイクルの理論熱効率 η は次のように表せる．

$$\eta = 1 - \phi^{-(\kappa-1)/\kappa} \tag{10.5}$$

$$\phi = \frac{p_2}{p_1} \tag{10.6}$$

ϕ は圧縮機の圧力比で，図10.7における点2と点1の圧力，p_2 と p_1 の比である．上式よりガスタービンの熱効率は圧力比 ϕ が大きくなると向上することがわかる．

　ガスタービン機関の特徴を考えてみると，まず第一に，往復動内燃機関においては作動流体をピストンとシリンダで作られる容器内に密閉し，圧縮，燃焼，膨張などの各行程を順番に，バッチ式で行わせるのに対し，ガスタービン機関においては，圧縮は圧縮機に，燃焼は燃焼器に，膨張はタービンにと各行程を別々の機器に分担させている点があげられる．その結果，作動流体を定常気流として，各機器を連続的に流すことが可能となり，往復動内燃機関に比べ，大流量の作動流体が処理可能となる．したがって大出力用に適しており，同一流量，同一出力では軽量小型にすることができる．このような特徴は航空機用エンジンとして最適であり，ターボジェットエンジンとして広く使用されている．

　一方，往復動内燃機関においては冷却が比較的容易で，高温の作動流体を使用することが可能であるが，ガスタービン機関においては，タービンの動翼など過酷な条件にさらされる部分が冷却困難な構造を持っており，作動流体の温度を上げることが難しい．その結果，現在のところ，ガスタービン機関の熱効率は往復動内燃機関に比べて相当に低いのがふつうである．

10.4　蒸気原動機

a．蒸気の性質

　蒸気原動機で使用されている作動流体は蒸気である．蒸気は液体とガスの中間物質とみなすことができ，その性質は理想気体と異なりきわめて複雑な変化をする．したがって，その性質を簡単な式によって表すことは困難であり，実用上は実験結果を基礎として比容積，エンタルピー，エントロピーなどの状態量を数表

や線図によって与える．これらを蒸気表，蒸気線図と呼んでいる．蒸気の一般的性質を知るために，水を一定圧力のもとで加熱して蒸発させる過程を考えてみる．水の温度ははじめはしだいに上昇し，それと同時に容積も膨張するが，ある一定温度に達した後はそれ以上にはならない．たとえば，101.325 kPa の圧力下では100°Cまで上昇して，これ以上

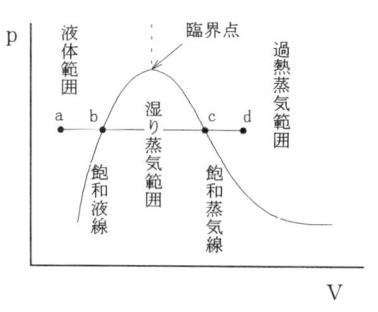

図 10.8 蒸気の p-V 線図

にはならない．この一定温度は液体の種類と圧力によって異なり，これをその圧力に対する飽和温度と呼ぶ．飽和温度にある液体を飽和液という．飽和液の圧力と温度の間には一定の関係があり，その圧力が定まれば温度も定まり，温度を定めれば圧力も定まる．飽和液の圧力をその温度に対する飽和圧力と呼ぶ．

飽和液を熱すると，その一部は同温同圧の気体に変化し，容積が急増する．これを蒸発という．液体が全部蒸発し終わるまでは，蒸気の温度は飽和温度に保たれる．このように液体と共存状態にある蒸気を飽和蒸気といい，特にちょうど蒸発を終了し，液分を含まない飽和蒸気を乾き飽和蒸気，また液分を含むものを湿り蒸気という．湿り蒸気 1 kg 中に乾き飽和蒸気が x [kg]，飽和液が $(1-x)$ [kg] 含まれているとき，x を乾き度，$(1-x)$ を湿り度という．乾き飽和蒸気をさらに熱すると蒸気の温度は飽和温度以上に上昇し，過熱蒸気になる．

蒸気の p-V 線図を図 10.8 に示す．上に述べた定圧下での蒸発過程を a-b-c-d で表す．b は飽和液，c は乾き飽和蒸気の状態を示す．圧力を変化させて蒸発開始点 (b) を結んだ線を飽和液線，蒸発終わりの点 (c) を結んだ線を飽和蒸気線といい，両者を合わせて飽和限界線という．図から点 b と点 c の距離は圧力の上昇とともに狭くなり，ついには一致する．この一致点の圧力，温度をそれぞれ臨界圧および臨界温度といい，この点を臨界点と呼ぶ．臨界点においては，液体は蒸発の現象を伴わずに蒸気に変化する．

b．蒸気サイクル

蒸気原動機の基本サイクルはランキンサイクルと呼ばれ，それを構成する機器と作動流体の流れを図 10.9 に，サイクルの p-V 線図および T-S 線図を図 10.10 に示す．図 10.9 において，1 で復水器から出た常温低圧の水が給水ポンプに

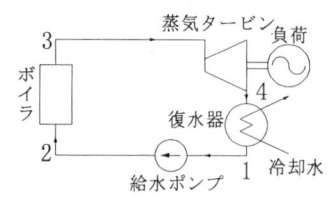

図 10.9 蒸気サイクルの構成機器

入って加圧され、この高圧水 2 がボイラに流入する。ボイラは燃焼によって生成された熱エネルギーを伝熱管を通して作動流体に伝え、高温の過熱蒸気 3 を作る。蒸気は蒸気タービンに入り、等エントロピー膨張によって外部に仕事をする。蒸気タービンで仕事をして低温低圧になった蒸気 4 は復水器に入り、ここで冷やされて凝縮し、サイクルが完結される。

ランキンサイクルは $1 \to 2$ の液相での加圧、$2 \to 3$ の蒸発を伴う等圧加熱、$3 \to 4$ の断熱膨張、$4 \to 1$ の凝縮を伴う等圧放熱の四つの行程からなっており、理論熱効率 η は次のように表せる。

$$\eta = \frac{L_T - L_P}{Q_B} = \frac{(h_3 - h_4) - L_P}{(h_3 - h_1) - L_P} \tag{10.7}$$

Q_B はボイラで供給される熱量、L_T, L_P はタービンで発生する仕事および給水ポンプで消費される仕事である。ここで給水ポンプの仕事 L_P は他と比べて微少であるのでこれを省略すると、

$$\eta = \frac{h_3 - h_4}{h_3 - h_1} \tag{10.8}$$

となる。上式において、タービン入口の過熱蒸気のエンタルピー h_3 を大きく、すなわちタービン入口蒸気の温度（初温）および圧力（初圧）を高くすれば、熱効率を上げることができる。しかし初温は使用材料の熱的強度によって制限を受ける。また、初圧を高くするとタービン出口蒸気の湿り度が上昇し、タービンにおける摩擦増加や腐食を招く。この湿り度の増加を防ぐため再熱という手段が用

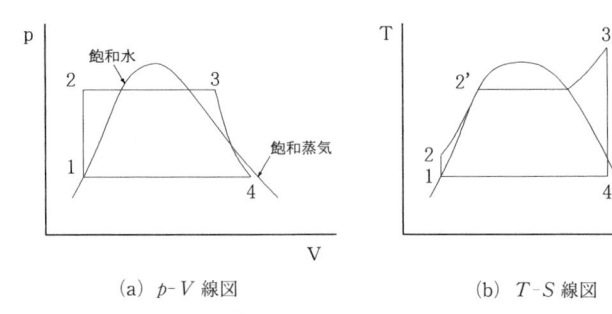

(a) $p\text{-}V$ 線図　　(b) $T\text{-}S$ 線図

図 10.10 ランキンサイクル

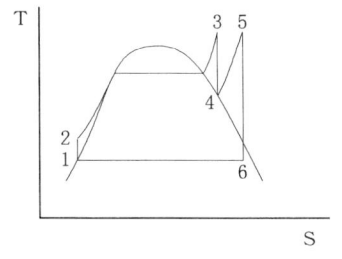

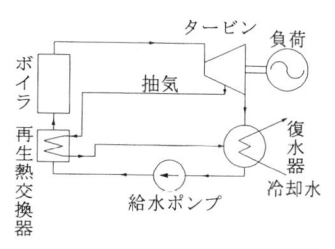

図 10.11 再熱サイクル　　**図 10.12** 再生サイクルの構成機器

いられる．これは蒸気を途中の圧力まで膨張させた段階でタービン外へ導き，再熱器で再加熱した後，再びタービンに戻すというものである．このようなサイクルを再熱サイクルという．再熱サイクルの T-S 線図を図 10.11 に示す．

ランキンサイクルの熱効率を上げるもう一つの手段に再生サイクルがある．図 10.12 に示すように，給水ポンプからの低温の飽和水の加熱を外部熱源だけに頼るのではなく，膨張途中の蒸気をタービンより抽気し，これを再生熱交換器に導き給水過熱に用いるものである．再生サイクルの使用により復水器へ捨て去る熱量の一部をサイクル内へ回収することができる．通常 2～8 回の抽気が行われる．

蒸気サイクルの大きな特徴は，作動流体の相変化を利用して高い熱効率を実現している点にある．前述のガスタービンにおいては，作動流体の圧縮に大出力の圧縮機が必要であるのに対し，蒸気サイクルでは圧縮を液相で行っているため，小馬力の給水ポンプを作動させるだけでよく，無視しうる程度の仕事しか必要としない．一方，作動流体が膨張仕事をする蒸気タービンにおいては，作動流体が気相なので熱落差を大きくとれ，大きな仕事が可能である．蒸気原動機は大出力に適した熱機関であり，熱効率も高いため，主として火力発電用などに使われている．

11

伝熱（熱移動）

　熱力学は，主に熱力学的平衡状態を扱う学問であり，各過程が進行する速度やその過程に要する時間は取り扱えない．装置の高効率化や小型化を念頭に置いた実際の機器の設計においては，各構成要素内で生ずる運動量輸送や熱移動の速さに関する知識が必要となる．そこで生まれたのが伝熱工学である．簡単にいえば，伝熱工学とは，複数の伝熱面間や伝熱面と流体間を熱が移動する際の抵抗，すなわち"熱抵抗"を見積もる学問である．断熱性を高めるには，この熱抵抗が極力高くなるよう，一方，熱の移動を迅速に行わせるには，この熱抵抗を極力抑えるよう，配慮しなくてはならない．したがって，熱抵抗（またはその逆数である熱伝達率）の見積もりは，熱流体機器の設計においてきわめて重要な鍵を握る．

11.1 熱移動の様式

　熱移動（伝熱）の様式は，一般には，熱伝導，熱伝達，熱放射（熱ふく射）の三者に大別し議論される．
  1）　熱伝導
　固体内または静止した流体内で，高温部から低温部へと熱が移動する現象である．微視的には媒体内部の分子や電子が熱エネルギーを伝える．
  2）　熱伝達
　運動している流体とそれに接する固体表面との間の熱移動現象で，流動の状態が固体表面と流体間の熱抵抗を強く支配する．相変化を伴う沸騰や凝縮も熱伝達に属する．ポンプや送風機などにより強制流動が熱伝達を支配している場合は強制対流熱伝達，流体の温度差による浮力が熱伝達を支配している場合は自然対流

熱伝達（自由対流熱伝達），両者の中間にある場合は混合対流熱伝達と呼ぶ．このように，流動を伴う熱移動の総称として"熱伝達"が使われている．

3) 熱放射（熱ふく射）

物体表面からはその温度に応じて電磁波が放射されており，放射される熱エネルギーは絶対温度の4乗に比例する．異なる温度の伝熱面間で放射エネルギーをやりとりする結果，高温面から低温面へと正味の熱移動が行われる．温度がそれほど高くない場合は熱伝導や熱伝達に比べ小さいが，高温になるに従い熱放射が支配的となる．熱伝導や熱伝達と異なり，媒体を必要としない伝熱形態である．

11.2 フーリエの法則および熱伝導率

図11.1に示す厚さLの無限平板を考える．全体が一定な温度T_lにある平板の右側面の温度をT_lに固定したままで，左側面の温度を突然T_hに上昇させるものとする．温度分布は図中に示すように徐々に変化し，十分に時間が経った定常状態では右下がりの直線分布となる．フーリエの法則は経験則であり，高温面から低温面に向かい単位時間に通過する単位面積あたりの熱量，すなわち熱流束$q\,[\mathrm{W/m^2}]$が温度勾配に比例することを示している．

$$q = k\frac{T_h - T_l}{L} \tag{11.1}$$

ここで比例定数$k\,[\mathrm{W/(m\cdot K)}]$は熱伝導率といい，比熱や粘度のように，物質の種類と（熱力学的）状態によって決まる定数（物性値）の一つである．標準状態（1気圧，0°C）下における熱伝導率は空気で$0.024\,\mathrm{W/(m\cdot K)}$，水で$0.55\,\mathrm{W/(m\cdot K)}$，アルミで$200\,\mathrm{W/(m\cdot K)}$程度の値を示す．非定常問題においては熱流束が空間および時間に依存するから，一般的なフーリエの法則は偏微分を用いて表す．

$$q = -k\frac{\partial T}{\partial x} \tag{11.2}$$

ここで，負符号は熱が高温から低温方向に移動することを意味する．

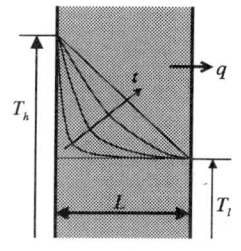

図 11.1 平板内の熱伝導

11.3 熱伝達率と温度境界層

固体表面とそれに接する流体間の熱抵抗は流体の流動の状態に強く依存する．伝熱工学の分野においては，従来，熱抵抗そのものではなく，その逆数である熱の伝わりやすさ，すなわち熱伝達率に注目し，種々の状況下における熱移動の情報を蓄積してきた．

a．熱伝達率

流動の状態が一定であれば，熱流束は固体表面と流体との温度差に比例することから，次のニュートンの式が使用されてきた．

$$Q \equiv Aq = Ah(T_w - T_f) \tag{11.3}$$

熱流束 q と固体・流体間の温度差 $(T_w - T_f)$ の符号は一致させるものとし，熱伝達率と呼ばれる h は，常に正の値で定義する．現実によく遭遇する状況下での熱伝達率のレベルは，気体の自然・強制対流で $5 \sim 300$ W/(m²·K)，水の自然・強制対流で $200 \sim 6000$ W/(m²·K)，水の凝縮・沸騰で $3 \times 10^3 \sim 3 \times 10^5$ W/(m²·K) 程度である．

b．温度境界層

式 (11.3)，(11.2) に留意すれば，

$$h \equiv \frac{q}{(T_w - T_f)} = \frac{-k_f \frac{\partial T}{\partial x}\big|_{x=0}}{(T_w - T_f)} \approx \frac{k_f \frac{(T_w - T_f)}{\delta_T}}{(T_w - T_f)} = \frac{k_f}{\delta_T} \tag{11.4}$$

の関係を得る．ここで k_f は流体の熱伝導率である．図 11.2 に示すように，δ_T は温度が急激に変化する温度境界層の厚さの尺度を表す．このように熱伝達率 h は温度境界層厚さ δ_T の逆数に比例する．(注：熱抵抗は温度境界層厚さ δ_T に，摩擦抵抗は速度境界層厚さ δ に比例する．) 温度境界層厚さは

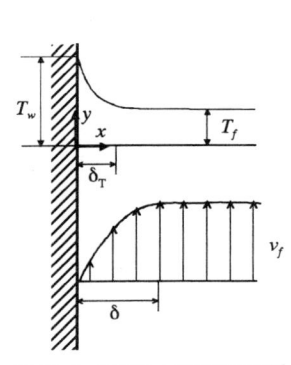

図 11.2 温度および速度境界層

表面形状，流体の速度，物性値などに複雑に依存するから，熱伝達率の見積もりも容易にはいかない．

11.4 熱伝導の見積もり

図 11.3 に示すように x 軸方向に微小幅 Δx を考え，1 次元の熱伝導方程式を導こう．高さ（y 方向）1 m，奥行き（z 方向）1 m からなる要素（コントロールボリューム）内の熱バランスを考える．まず x の位置にある要素左面（1 m×1 m）から要素内に微小時間 Δt の間に流入する熱量を考えよう．フーリエの法則より $q(x)\Delta t = -k(\partial T/\partial x)\Delta t$ で算出できるから，同時間内に，それより Δx 離れた要素右面から要素外に流出する熱量は，フーリエ級数展開を用いて

$$q(x+\Delta x)\Delta t = \left\{-k\frac{\partial T}{\partial x} + \frac{\partial}{\partial x}\left(-k\frac{\partial T}{\partial x}\right)\Delta x + o(\Delta x^2)\right\}\Delta t$$

となる．ここで右辺の第 3 項は高次の微小項の全体を表す．

化学反応などにより単位時間・単位質量あたり S_h [W/kg] の発熱があるとすれば，微小時間 Δt 間の微小要素内の内部発熱量は $(\rho\Delta x)S_h\Delta t$ で与えられる．ここで ρ [kg/m³] は媒体の密度である．この内部発熱量が，同時間内に要素内に温度上昇 ΔT として蓄積される熱量と要素外への正味の熱伝導量を加えたものとバランスするはずであるから，

$$(\rho\Delta x)S_h\Delta t = (\rho\Delta x)c\Delta T + (q(x+\Delta x)\Delta t - q(x)\Delta t)$$
$$= (\rho\Delta x)c\left(\frac{\partial T}{\partial t}\Delta t + o(\Delta t^2)\right) + \left(\frac{\partial}{\partial x}\left(-k\frac{\partial T}{\partial x}\right)\Delta x + o(\Delta x^2)\right)\Delta t$$

ここで c [J/(kg·K)] は媒体の比熱である．上式において $\Delta t \to 0$ および $\Delta x \to 0$ の極限をとると，次の 1 次元熱伝導の式が得られる．

$$\rho c \frac{\partial T}{\partial t} = \frac{\partial}{\partial x}\left(k\frac{\partial T}{\partial x}\right) + \rho S_h \tag{11.5}$$

特に，熱伝導率が一定で発熱なしの定常問題では上式が以下に簡略化される．

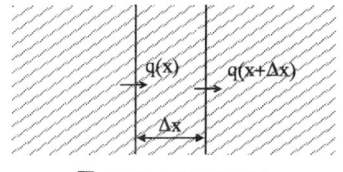

図 11.3 1 次元熱伝導

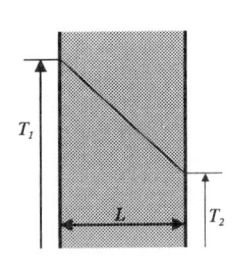

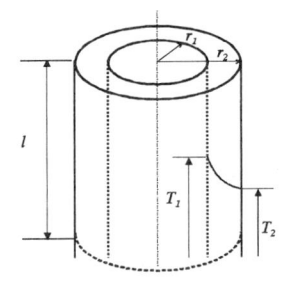

図 11.4 平板内の温度分布　　図 11.5 円管壁内の温度分布

$$\frac{d^2T}{dx^2}=0 \quad \text{また円筒座標では} \quad \frac{d}{dr}\left(r\frac{dT}{dr}\right)=0 \tag{11.6}$$

両端で温度を与え，式 (11.6) を図 11.4 および図 11.5 に示すケースについて解くと，次の解が得られる．

平板：$Q=\dfrac{Ak}{L}(T_1-T_2)$ (11.7 a)

円管壁：$Q=\dfrac{2\pi lk}{\ln(r_2/r_1)}(T_1-T_2)$ (11.7 b)

上式およびニュートンの式 (11.3) より熱伝導と電気回路の類似性が明らかとなる．すなわち，温度差 (T_1-T_2) を電位差に，面積 A [m^2] を通る熱流 Q [W] を電流に対応させるとき，熱抵抗 R_{thermal} [K/W] は次のように表されることがわかる．

表面と流体：$R_{\text{thermal}}=\dfrac{1}{Ah}$ (11.8 a)

平板：$R_{\text{thermal}}=\dfrac{L}{Ak}$ (11.8 b)

円管壁：$R_{\text{thermal}}=\dfrac{\ln(r_2/r_1)}{2\pi lk}$ 　　$(A(r)=2\pi rl$ で Q は半径方向の熱流$)$

(11.8 c)

電気回路との類似性を活用すれば，種々の定常熱伝導問題が図 11.6 および図 11.7 に示すように，温度が既知である両端間の全（熱）抵抗を算出する問題に帰着する．

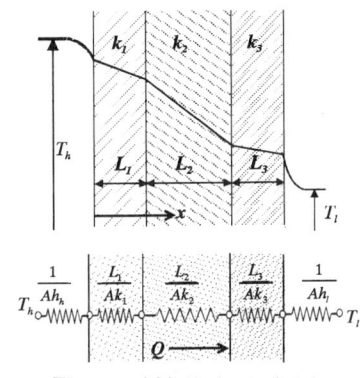

図 11.6 多層平板内の温度分布 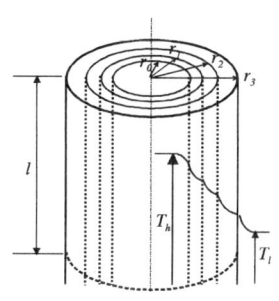　　図 11.7 多層円環内の温度分布

多層平板： $Q = \dfrac{T_h - T_l}{R_{\text{thermal}}} = \dfrac{T_h - T_l}{\dfrac{1}{Ah_h} + \dfrac{L_1}{Ak_1} + \dfrac{L_2}{Ak_2} + \dfrac{L_3}{Ak_3} + \dfrac{1}{Ah_l}}$ (11.9 a)

多層円環： $Q = \dfrac{T_h - T_l}{R_{\text{thermal}}} = \dfrac{T_h - T_l}{\dfrac{1}{2\pi r_0 l h_h} + \dfrac{\ln(r_1/r_0)}{2\pi l k_1} + \dfrac{\ln(r_2/r_1)}{2\pi l k_2} + \dfrac{\ln(r_3/r_2)}{2\pi l k_3} + \dfrac{1}{2\pi r_3 l h_l}}$

(11.9 b)

11.5 対流熱伝達

前節では熱伝導問題を種々の側面から検討してきた．その際，伝熱面とそれに接する流体間の熱伝達率 h は一定で既知であると仮定した．しかし，実際には，流動の状態や熱境界条件に応じて，熱伝達率は時・空間で変化する．ここでは，一般には未知量である熱伝達率 h の見積もり法を考えよう．

a．レイノルズ数とグラスホフ数，層流と乱流

熱伝達を支配する流れは，粘性と慣性の絶対的大きさではなく，その比であるレイノルズ数によりその性質や特性を変貌させる．レイノルズ数は，参照となる速度 u_{ref} と物体の代表寸法 L_{ref} の積を分子におき，$Re_{L_{\text{ref}}} = u_{\text{ref}} L_{\text{ref}}/\nu$ で定義する．円管の場合は代表寸法 L_{ref} を直径 d にとる．また，物体まわりの外部流れにあっては，流れ方向に沿って測った前方よどみ点からの距離 x を代表寸法にとり局所レイノルズ数 Re_x を定義したり，物体寸法 L に基づくレイノルズ数

Re_L を定義したりする．また，自然対流においては，u_{ref}として浮力に基づく参照速度を用い，レイノルズ数の2乗に相当するグラスホフ数を以下のように定義する．

$$Gr_{L_{\text{ref}}} \equiv (\sqrt{g\beta(T_w - T_\infty)L_{\text{ref}}} L_{\text{ref}}/\nu)^2 = g\beta(T_w - T_\infty)L_{\text{ref}}^3/\nu^2 \quad (\beta：体膨張率) \tag{11.10}$$

レイノルズ数（またはグラスホフ数）が高くなると，粘性支配の整然とした層流から流速が時々刻々と不規則変動する乱流へと遷移する．乱流においては不規則運動をする流体塊の効果が大きく，乱流運動に伴う運動量や熱の移動が分子拡散によるものに比して支配的となる．したがって，注目する流動場が層流か乱流かをまず判断する必要がある．実際に問題となる熱流動場の多くが乱流に属するが，一般に乱流の理論的予測は層流のそれに比してかなり難しい．

b．ヌッセルト数

熱伝達率の無次元表示であるヌッセルト数は以下で定義される．

$$Nu_{L_{\text{ref}}} = \frac{hL_{\text{ref}}}{k_f} \tag{11.11}$$

熱伝達率を無次元形で考えることの意味は，寸法や流体の種類（物性値の値）にかかわらず条件が相似なすべてのケースに統一的に適用できる共通な関係式（たとえば式 (11.16)～(11.21)）を導くことにある．式 (11.4) は以下のようにも表現できる．

$$Nu_{\delta_T} = \frac{h\delta_T}{k_f} \sim 1 \quad \text{すなわち} \quad Nu_{L_{\text{ref}}} \equiv \frac{hL_{\text{ref}}}{k_f} \sim \frac{L_{\text{ref}}}{\delta_T}$$

したがってヌッセルト数は温度境界層厚さ δ_T に対する物体寸法の比と解釈できる．δ_T はプラントル数 $Pr(=\mu c_p/k_f)$ に支配されるため，ヌッセルト数はプラントル数とレイノルズ数（またはグラスホフ数）の関数となる．ヌッセルト数に関するもう一つの解釈を考えるべく，図 11.8 に示すような上下壁面間の無限水平流体層を考える．壁面は互いに L_{ref} 離れており，下面が高温 T_h，上面が低温 T_l に保たれているものとする．いま，左図のように，流動が生じないものとすれば，流体層の温度分布は直線となり，流体層を下から上に熱伝導で貫く熱流束は $q_{\text{conduction}} = k_f(T_h - T_l)/L_{\text{ref}}$ で与えられる．実際は，右図のように，ある程度

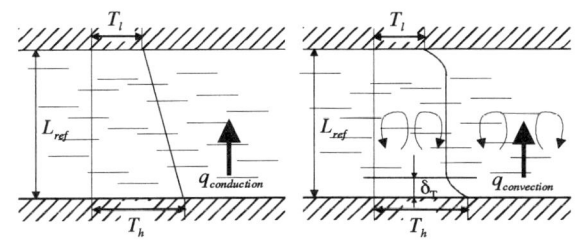

図 11.8 ヌッセルト数の意味

の温度差があると,下部の高温流体が浮力により上部へ,またそれにつれ上部の低温流体が下部へ輸送されるといった,上昇流と下降流が交互に入り交じった対流が発生する.その際,対流によって下部から上部に輸送される熱流束は $q_{\text{convection}} = h(T_h - T_l)$ にほかならないから,両熱流束の比をとれば

$$\frac{q_{\text{convection}}}{q_{\text{conduction}}} = \frac{h(T_h - T_l)}{\left(k_f \frac{(T_h - T_l)}{L_{\text{ref}}}\right)} = \frac{hL_{\text{ref}}}{k_f} = Nu_{L_{\text{ref}}} \qquad (11.12)$$

すなわち,ヌッセルト数は,伝導のみで熱が移動すると仮想した際の熱流束に対する,実際に生じた対流による熱流束の比(一般に1より大きい)としてとらえることもできる.種々の状況下におけるヌッセルト数を理論的または実験的に決定することが,熱伝達における最大の課題である.

c. 対流熱伝達の支配方程式

対流熱伝達の支配方程式も,熱伝導のときと同じ手続きより導くことができる.すなわち1次元熱流動について考えるとき,すでに求めた熱伝導の式(11.5)に流れによるエンタルピー輸送(対流)$\partial(\rho c_p uT)/\partial x$ が加わった形のエネルギーの式を得る.

$$\frac{\partial \rho c_p T}{\partial t} + \frac{\partial}{\partial x}\left(\rho c_p uT - k_f \frac{\partial T}{\partial x}\right) = \rho S_h \qquad (11.13)$$

ρ および c_p は流体の密度および定圧比熱である.3次元に拡張し次式を得る.

$$\frac{\partial \rho c_p T}{\partial t} + \frac{\partial}{\partial x}\left(\rho c_p uT - k_f \frac{\partial T}{\partial x}\right) + \frac{\partial}{\partial y}\left(\rho c_p vT - k_f \frac{\partial T}{\partial y}\right) + \frac{\partial}{\partial z}\left(\rho c_p wT - k_f \frac{\partial T}{\partial z}\right) = \rho S_h$$

$$(11.14)$$

対流熱伝達においては,流体の質量保存式(連続の式)と運動量の式(ナビエ-

ストークスの式）を合わせて解く必要があるが，いずれの式もエネルギーの式 (11.14) と同形の次式で表現できる．そこで，各支配方程式について対応する一般従属変数 ϕ，一般拡散係数 Γ_ϕ および一般生成率 S_ϕ を表 11.1 にまとめて示す．

$$\frac{\partial \rho \phi}{\partial t} + \frac{\partial}{\partial x}\left(\rho \phi u - \rho \Gamma_\phi \frac{\partial \phi}{\partial x}\right) + \frac{\partial}{\partial y}\left(\rho \phi v - \rho \Gamma_\phi \frac{\partial \phi}{\partial y}\right) + \frac{\partial}{\partial z}\left(\rho \phi w - \rho \Gamma_\phi \frac{\partial \phi}{\partial z}\right) = \rho S_\phi \tag{11.15}$$

d. 熱伝達の見積もり

種々の条件下において上記の支配方程式群を解くことにより，また（特に乱流域においては）熱実験を実施することにより，ヌッセルト数に関する整理式が蓄積されてきた．以下に図 11.9 に示す代表的ケースにおけるヌッセルト数の関係式を示す．

表 11.1 式 (11.15) 中の $\phi, \Gamma_\Phi, S_\Phi$

支配方程式	ϕ	Γ_Φ	S_Φ
連続の式	1	—	0
u 運動量の式	u	ν	$-\dfrac{1}{\rho}\dfrac{\partial p}{\partial x}$
v 運動量の式	v	ν	$-\dfrac{1}{\rho}\dfrac{\partial p}{\partial y}$
w 運動量の式	w	ν	$-\dfrac{1}{\rho}\dfrac{\partial p}{\partial z}$
エネルギーの式	T	$\dfrac{k_f}{\rho c_p}$	$\dfrac{S_h}{c_p}$

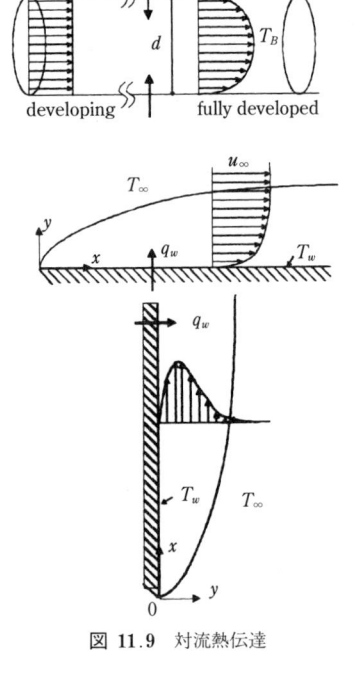

図 11.9 対流熱伝達

(1) 円管内の強制対流熱伝達

層流 ($Re_d = u_B d/\nu < 3000$):

$$Nu_d = \frac{hd}{k_f} = \frac{q_w d}{(T_w - T_B)k_f} = \begin{cases} 4.36(q_w = \text{const.}) \\ 3.66(T_w = \text{const.}) \end{cases} \quad (T_B : 流体の混合平均温度)$$
(11.16)

乱流 ($3000 < Re_d < 10^7$, $0.5 < Pr < 160$):

$$Nu_d = 0.023 Re_d^{0.8} Pr^n \quad (流体を加熱\ n = 0.4, 流体を冷却\ n = 0.3)$$
(11.17)

(2) 水平平板からの強制対流熱伝達

層流 ($Re_x = u_\infty x/\nu < 3 \times 10^5$, $Pr \geq 0.6$):

$$Nu_x = \frac{hx}{k_f} = 0.332 Re_x^{1/2} Pr^{1/3} \quad または \quad Nu_{av} = \frac{\int_0^L q_w dx}{(T_w - T_\infty)k_f} = 0.664 Re_L^{1/2} Pr^{1/3}$$
(11.18)

乱流 ($Re_x > 3 \times 10^5$, $0.7 < Pr < 100$):

$$Nu_x = 0.03 Re_x^{4/5} Pr^{1/3} \quad または \quad Nu_{av} = 0.037 Re_L^{4/5} Pr^{1/3} \qquad (11.19)$$

(3) 垂直平板からの自然対流熱伝達

層流 ($Gr_x Pr < 10^9$, $0.01 < Pr < 10^3$):

$$Nu_x = \frac{0.478 Gr_x^{1/4} Pr^{1/2}}{(0.861 + Pr)^{1/4}} \quad または \quad Nu_{av} = \frac{\int_0^L q_w dx}{(T_w - T_\infty)k_f} = \frac{0.638 Gr_L^{1/4} Pr^{1/2}}{(0.861 + Pr)^{1/4}}$$
(11.20)

乱流 ($Gr_x Pr > 10^9$, $0.7 < Pr < 10$):

$$Nu_x = 0.13(Gr_x Pr)^{1/3} \quad または \quad h = 0.13(\rho c_p g \beta (T_w - T_\infty) k_f^2/\nu)^{1/3}$$
(11.21)

11.6 沸騰と凝縮

日常においてなじみ深い物理現象である沸騰と凝縮は，工業的にもきわめて重要な相変化現象である．一般に相変化を伴う熱移動においては，比較的低温度差

において非常に高い熱流束が得られる．すなわち熱伝達率が高いのが特徴である．

a．沸騰曲線

加熱面の温度と飽和温度の差 $\Delta T_{sat} \equiv T_w - T_{sat}$ を過熱度といい，図11.10のように，過熱度 ΔT_{sat} と加熱面からの熱流束 q_w との関係を示す曲線（通常，両対数表示）を沸騰曲線と呼ぶ．液体容器内での沸騰をプール沸騰，強制流動支配下での沸騰を流動沸騰と呼ぶ．過熱度 ΔT_{sat} を増加させていくとき，加熱面上の多数の核から気泡が成長・離脱を繰り返す核沸騰に至る．日常観察される沸騰はこの核沸騰であり，工業的にも核沸騰を利用する場合が圧倒的に多い．さらに，ΔT_{sat}（または q_w）を増加させていくと，バーンアウト点と呼ばれるピーク点Cに達する．ここで，q_w を増すと点Cから非常に高温の点E′に移行する．伝熱面の融点が点E′の温度以下にあれば，いわゆる焼き切れ（バーンアウト）が生ずる．融点が十分に高い場合は点Eから点Dに沿って状態を移行させることができる．この沸騰域は，伝熱面を蒸気膜が覆うことから，膜沸騰域と呼ばれる．ここで，q_w を低下させていくと，点Dに対応する極小熱流束点に達した後，点Fに急激に温度が低下し核沸騰域に戻る．加熱面を一定に保つ方式をとると，核沸騰と膜沸騰が間欠的に繰り返される遷移沸騰域（点CからD）が観察できる．

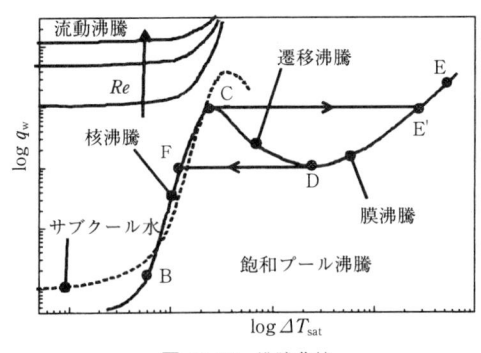

図 11.10 沸騰曲線

b. プール核沸騰の整理式

工業上，主に応用されるのは熱伝達率がきわめて高いこの核沸騰域である．核沸騰は，物体の幾何学的形状に鈍感な反面，表面性状にはきわめて敏感である．残念ながら一般性を有する核沸騰の相関式は存在しない．ここでは，平滑面に対して $\Delta T_{\rm sat}$ と q_w の関係を知るのに大まかに有用とされる Rohsenow-Clark の相関式をあげておく．

$$\frac{c_{pf}\Delta T_{\rm sat}}{h_{fg}} = c_{sf}\left(\frac{q_w}{\mu_f h_{fg}}\sqrt{\frac{\sigma}{(\rho_f - \rho_g)g}}\right)^{1/3} Pr_f^s \tag{11.22}$$

ここで h_{fg} は蒸発潜熱である．また添字 f と g はそれぞれ液相と気相を示す．c_{sf} および s の値には，液体と伝熱面の組み合わせごとに適当なセットを用いる．たとえば水と銅面またはプラチナ面の組み合わせでは，$c_{sf} = 0.013$ および $s = 1.7$ のセットを用いる．上式 ($h = q_w/\Delta T_{\rm sat} \propto \Delta T_{\rm sat}^3$) は，沸騰における熱伝達率が単相流のそれに比してきわめて温度差に敏感に増加することを示している．

c. 凝縮熱伝達

蒸気はぬれていない冷却面に直接に触れると滴状をなして凝縮する．これを滴状凝縮と呼ぶ．液滴はまもなく合体し，冷却面をぬらすようになるため，滴状凝縮を持続することは難しく，やがて膜状凝縮に移行する．工業的に応用されるのは持続が容易な膜状凝縮である．層流膜状凝縮に関する理論解としてはヌッセルトの式がよく知られている．図 11.11 に示すような，板長 L の垂直平面に沿う膜状凝縮に関するヌッセルトの式は以下で与えられる．

$$\frac{h_{av}L}{k_f} = \frac{\sqrt{8}}{3}\left(\frac{gL^3}{\nu_f^2}\right)^{1/4} Pr_f^{1/4}\left(\frac{h_{fg}}{c_{pf}(T_{\rm sat} - T_w)}\right)^{1/4} \tag{11.23}$$

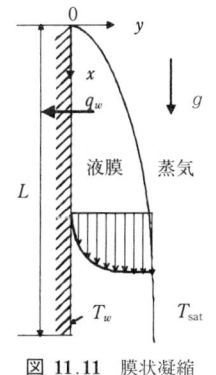

図 11.11 膜状凝縮

ここで添字 f は凝縮液を示す．h_{av} を算出すれば，単位板幅あたりの凝縮液の質量流量は $h_{av}(T_{\rm sat} - T_w)L/h_{fg}$ で算出できる．角度 ϕ だけ傾斜した冷却壁の場合は，上式中の g を $g\cos\phi$ に置き換えて算出すればよい．

11.7 熱 放 射

　表面に到達する熱放射線は物体表面のごく薄い層で吸収され，反射される．したがって，熱放射特性は材質や表面性状の影響に強く支配される．表面に到達する熱放射線をすべて吸収する性質を有する物体を黒体と呼ぶ．また単位面積・単位時間あたり放射される熱放射エネルギーを放射能 E [W/m^2] という．一般物体表面からの放射能は黒体のそれ (E_b) より低く，両者の比を放射率 $\varepsilon = E/E_b$ と定義する．（単色）放射率が波長に依存しないものを灰色体（かいしょくたい）というが，キルヒホフによれば灰色体および黒体では放射率が吸収率に等しい．工業上問題となる熱放射線域に限れば液体・固体は灰色体で近似できる．
　注目する灰色体面 i からの単位時間・単位面積あたりの全放射エネルギーを射度 G_i [W/m^2] と呼ぶ．正味熱放射量 Q_i [W] と射度 G_i の以下の関係を得る．

$$Q_i = \left(\frac{A_i \varepsilon_i}{1-\varepsilon_i}\right)(\sigma T_i^4 - G_i) \quad (i=1, 2, 3, \cdots, n) \quad (11.24)$$

ここで $\sigma = 5.67 \times 10^{-8}$ W/m^{2}K^4 はボルツマン定数である．また，n 面からなる閉空間を考え，正味熱放射量 Q_i を各面との熱授受の和で考えると，

$$Q_i = \sum_{j=1}^{n} A_i F_{ij}(G_i - G_j) \quad (11.25)$$

ここで形態係数 F_{ij} は幾何学的関係で決まる係数で，i 面から放たれるエネルギーのうち，j 面に到達する放射エネルギーの割合を示している．式（11.24）および式（11.25）は電流を Q_i，電位を G_i または $E_{bi} (= \sigma T_i^4)$ に対応させるとき，電気回路におけるキルヒホフの法則と同形であることがわかる．明らかに，外部電位 E_{bi} と i 節点間の抵抗は $(1-\varepsilon_i)/A_i\varepsilon_i$，および i 節点と j 節点間の抵抗は $1/A_iF_{ij}$ に対応している．図 11.12 に示すような簡単な二面問題においては図

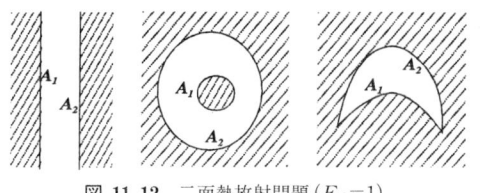

図 11.12　二面熱放射問題 ($F_{12}=1$)

図 11.13　熱放射における熱抵抗

11.13のような直列抵抗が対応する．したがって全抵抗は以下で与えられる．

$$R_\text{radiation} = \frac{1-\varepsilon_1}{A_1\varepsilon_1} + \frac{1-\varepsilon_2}{A_2\varepsilon_2} + \frac{1}{A_1 F_{12}} = \frac{1}{A_1}\left(\frac{1}{\varepsilon_1} + \frac{A_1}{A_2}\left(\frac{1}{\varepsilon_2}-1\right)\right) \tag{11.26}$$

この全抵抗を用いて正味伝熱量を次式で算出すればよい．

$$Q_{12} = \frac{\sigma(T_1^4 - T_2^4)}{R_\text{radiation}} = \frac{A_1 \sigma(T_1^4 - T_2^4)}{\frac{1}{\varepsilon_1} + \frac{A_1}{A_2}\left(\frac{1}{\varepsilon_2}-1\right)} \tag{11.27}$$

12
機 械 設 計

 ある機能を持つ機械を製作するためには，構造，機構，製造法などに関して多くの種類のものが考えられる．機械の設計をする際にはそれらの中で最良の選択となるように，安全性，強度，精度，材料，加工法，コスト，エネルギー効率，環境，知的所有権など，多くのことを考慮に入れて検討する必要がある．機械設計を行うためには狭い範囲の機械工学の知識だけでなく，数学，電気工学，情報工学，法令など非常に広範囲の知識を必要とする．これが機械工学が総合工学と呼ばれるゆえんでもある．

12.1 機 械 要 素

 機械を構成する主要な部品は，その使用目的から分類すると表12.1のようになる．これらの部品は多くの機械に共通に利用されるもので，機械を構成する主要な要素となり，一般に機械要素（machine element）と呼ばれる．これらの機械要素についての詳細はそれぞれの専門の文献を参照されたい（たとえば機械工学便覧，1987；JISハンドブック，2001）．この中で基本的な機械部品として特によく用いられるねじと歯車について簡単に説明する．

表 12.1　機械要素部品の例（JIS規格）（JISハンドブック，2001）

締結部品	ねじ（ボルト，ナット），ピン，リベット
軸関係部品	軸，キー，軸継手，軸受（転がり軸受，すべり軸受）
動力伝達部品	歯車，チェーン，スプロケット，ベルト，ベルト車
その他の部品	ばね，シール類（オイルシール，パッキン）

a. ね　じ

部品を固定するのにねじが最も多く利用される．ねじは図 12.1 に示すように円筒に直角三角形を巻きつけてできるらせん状に凹凸面をつけたものである．凹凸の断面が四角形の角ねじについて力学的に解析する．ねじの直径を d とすると，リード角 θ とリード l（ねじを 1 回転させて進む距離）との関係は次式で表される．

$$\tan \theta = \frac{l}{\pi d} \tag{12.1}$$

図 12.2(a) に示すように，ねじの軸方向に加わる力を W とし，これに対してねじを回転させるのに必要な力を F とする．ねじを締め付ける場合を考えると，図 12.2(b) に示す斜面における力の釣合いから次式が成り立つ．

$$F \cos \theta - W \sin \theta = \mu(F \sin \theta + W \cos \theta) \tag{12.2}$$

ここに，μ はねじ面の摩擦係数である．これを書き換えれば，次式のようになる．

$$F = W \frac{\sin \theta + \mu \cos \theta}{\cos \theta - \mu \sin \theta} \tag{12.3}$$

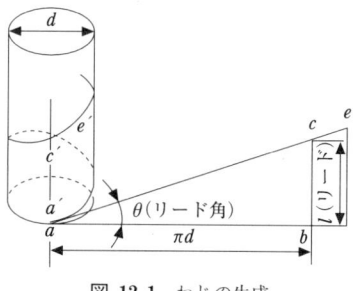

図 12.1　ねじの生成

(a) ねじに加わる力

(b) ねじを締める場合　　(c) ねじをゆるめる場合

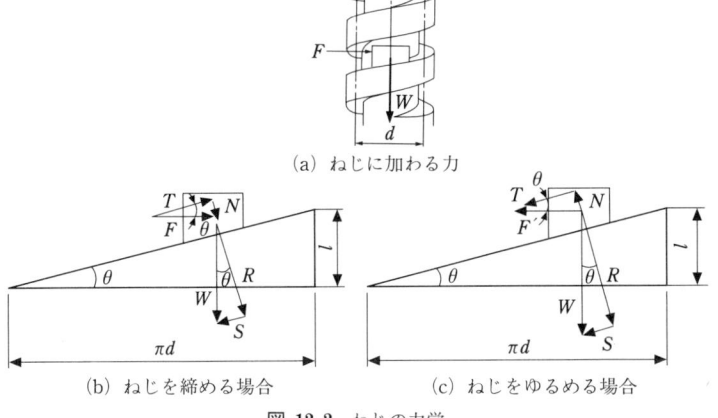

図 12.2　ねじの力学

摩擦角を α とすれば，

$$\mu = \tan \alpha \tag{12.4}$$

であるから，式 (12.3) は次のようになる.

$$F = W \frac{\sin \theta + \tan \alpha \cos \theta}{\cos \theta - \tan \alpha \sin \theta} = W \frac{\tan \theta + \tan \alpha}{1 - \tan \theta \tan \alpha} = W \tan(\theta + \alpha) \tag{12.5}$$

ねじを締め付けるために必要なトルク T は

$$T = F \frac{d}{2} = \frac{d}{2} W \tan(\theta + \alpha) \tag{12.6}$$

となる.

また，ねじをゆるめる場合を考えると，図 12.2(c) に示す力の釣合いから，ねじをゆるめるために必要な力を F' とすると，次式の関係が成り立つ.

$$F' \cos \theta + W \sin \theta = \mu(-F' \sin \theta + W \cos \theta) \tag{12.7}$$

すなわち，

$$F' = W \frac{-\sin \theta + \mu \cos \theta}{\cos \theta + \mu \sin \theta} = W \frac{\tan \alpha - \tan \theta}{1 + \tan \alpha \tan \theta} = W \tan(\alpha - \theta) \tag{12.8}$$

となり，ねじをゆるめるために必要なトルク T' は次式で与えられる.

$$T' = F' \frac{d}{2} = \frac{d}{2} W \tan(\alpha - \theta) \tag{12.9}$$

ねじがゆるまないためには，T' が正，すなわち，$\alpha > \theta$ でなければならない.

次に，三角ねじについて考える．三角ねじではねじの斜面に対して垂直に作用する力は，ねじ山の角度を 2β とすれば，角ねじの場合の $1/\cos\beta$ 倍となり（図 12.3），

$$\frac{W}{\cos \beta}$$

となる．ねじ面に働く摩擦力は

$$\mu \frac{W}{\cos \beta} = \frac{\mu}{\cos \beta} W$$

となるので，

$$\mu' = \frac{\mu}{\cos \beta} = \tan \alpha'$$

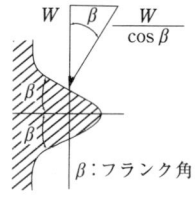

図 12.3 三角ねじ

とおけば，角ねじの式から，ねじを締め付けるのに必要な力およびトルクは

$$F = W\tan(\theta + \alpha') \tag{12.10}$$

$$T = F\frac{d}{2} = \frac{d}{2}W\tan(\theta + \alpha') \tag{12.11}$$

ねじ山の角度を $2\beta = 60°$ とすれば，μ' は μ に比べて15%ほど大きくなり，摩擦角 α' が大きくなるので，三角ねじは角ねじに比べて締め付けるために大きなトルクを必要とする．また，ゆるめるために必要なトルクは

$$T' = \frac{d}{2}W\tan(\alpha' - \theta) \tag{12.12}$$

であるので，角ねじよりもゆるみにくいことになる．

ねじに与えられた仕事に対するねじのなした仕事の比をねじの効率と呼ぶ．ねじが力 W を受けて1回転し，l だけ移動する間になす仕事量は Wl である．一方，ねじを力 F で1回転する仕事量は，移動量が πd であるから，$F\pi d$ である．したがって，ねじの効率は

$$\eta = \frac{Wl}{F\pi d} \tag{12.13}$$

である．式 (12.1) および式 (12.5) よりねじの効率は次式により与えられる．

$$\eta = \frac{Wl}{W\pi d\tan(\theta + \alpha)} = \frac{l}{\pi d\tan(\theta + \alpha)} = \frac{\tan\theta}{\tan(\theta + \alpha)} \tag{12.14}$$

b．歯　　車

歯車には図12.4に示すような種類がある．図の (a) から (c) までは歯車が取り付けられた二つの歯車軸は平行であり，(d) から (h) までは歯車軸が互いに直交あるいはある角度を持って交わっている．(i) のラックは平歯車のピッチ円半径が無限大になった直線状の歯付き板あるいは棒ともいうべきもので，これを工具として歯車を切削することができる．歯車は軸の回転動力を別の軸に伝達する機能を持っており，その際に回転速度や回転力を変えることができる．

基本になる平歯車について各部の名称は図12.5に示すとおりである．平歯車の歯形はサイクロイド曲線とインボリュート曲線のものがあるが，通常インボリュート曲線がよく使われる．インボリュート曲線は，基礎円 (base circle) と

178   12. 機械設計

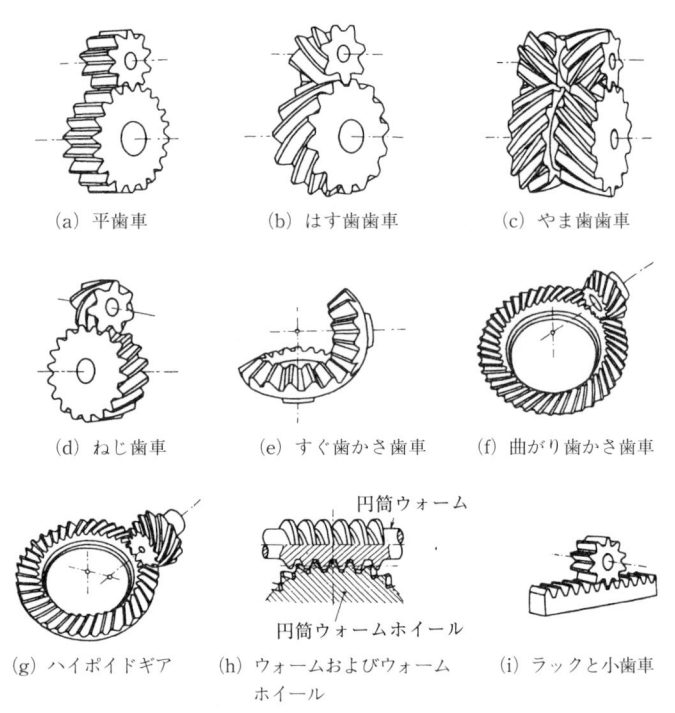

(a) 平歯車
(b) はす歯歯車
(c) やま歯歯車
(d) ねじ歯車
(e) すぐ歯かさ歯車
(f) 曲がり歯かさ歯車
(g) ハイポイドギア
(h) ウォームおよびウォームホイール
   円筒ウォーム
   円筒ウォームホイール
(i) ラックと小歯車

図 12.4 歯車の種類

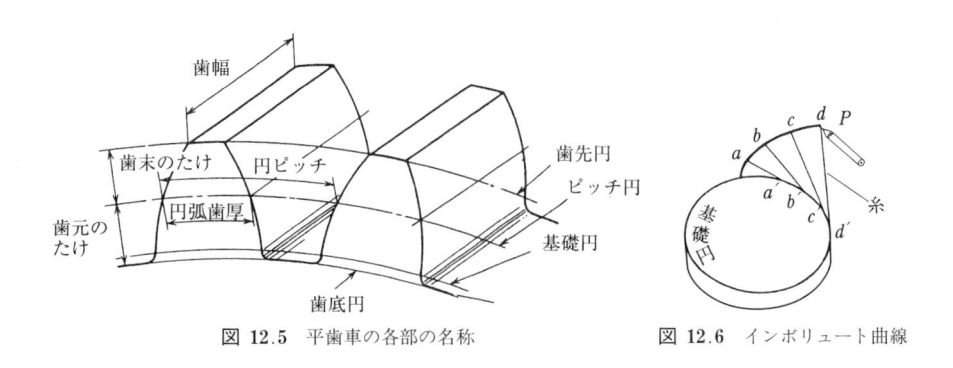

図 12.5 平歯車の各部の名称

歯幅／歯末のたけ／円ピッチ／円弧歯厚／歯元のたけ／歯先円／ピッチ円／基礎円／歯底円

図 12.6 インボリュート曲線

いわれる円の外周に糸を巻き付け，それを巻き戻していくときに糸の先端が描く曲線である（図 12.6）．二つの歯車が転がり接触をしている仮想の面をピッチ面

(pitch circle) といい，歯車の軸中心からピッチ面までの距離を半径とする円をピッチ円という．ピッチ円上の隣り合う歯車の間隔を円ピッチあるいはピッチ (pitch) という．歯先および歯底を表す円を歯先円 (tip circle) および歯底円 (root circle) と呼ぶ．歯車の歯の大きさはモジュール (module) m で表され，モジュールはピッチ円直径 d を歯数 z で割ったもので定義される．

$$m = \frac{d}{z} \tag{12.15}$$

また，円ピッチ p は円周長さ πd を歯数 z で割ったものであるから，$p = \pi d/z$．すなわち，$z = \pi d/p$ とおいて

$$m = \frac{p}{\pi} \tag{12.16}$$

で表すこともできる．歯車を組み合わせるときは，互いの歯の大きさが同じになるように，モジュールの同じ歯車を組み合わせなければならない．

12.2 機械製作の手順と機械設計

機械は通常図 12.7 に示す手順で製作される．機械製品の企画を行い，性能および仕様 (specification) が決定されると，それを満足するような機構や構造，材料などを考え，それらの情報を図面に表す．図面をもとに部品の加工を行い，部品の組立を行って，機械を完成する．そして，機械が仕様どおりの性能を持っているかを検査し，合格であれば製品として市場に出荷される．

この中で機械設計 (machine design) は，機械の機構や性能だけでなく，製品の製造工程まで決定してしまうので，非常に重要な役割を持っている．すなわち，設計の良し悪しが製品の性能のみでなく，生産性にも影響し，コストを決定してしまうことにもなる．設計においては製品の機能，性能を考えた機能設計と生産工程を考えるための生産設計とがある．

機械設計は次のような段階を経て行われる．

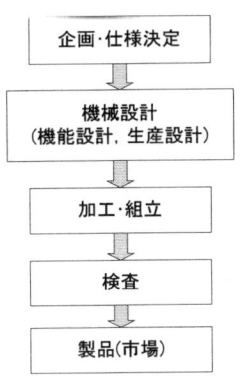

図 12.7 機械製作の手順

1) 概念設計

市場調査に基づいて，どのような機能および形状の製品が市場において要求されているかをもとにして，機械の基本性能，外観などの構想を練る．この構想段階で製品の設計思想を決め，新しい技術の適用などを検討するものであり，製品の市場戦略などを決定する重要な段階である．機械の構想をポンチ絵や模型を作成して検討することを通して，機械の機構や構造をしだいに明確化していく．

2) 基本設計

機械の構造や機構に関する構想が決まったら，機械に要求される性能に基づいて詳細仕様を決定し，仕様に基づいて機械が使用中に壊れたり，変形したりすることがないように，また性能を十分発揮するように，部品の加工性およびコストも考慮に入れて，材料，形状，寸法を定める．この際に機械が十分な強度を持ち，安全性が確保されるように，構造解析を行って，部品の形状・寸法を決める．また，標準的な機械要素を使用する場合には，技術資料から規格を決定する．このようにして機械の構造，部品の材質，形状，寸法，機械要素などが最終的に決定したら，その詳細を設計書と図面にまとめる．

3) 生産設計

基本設計において作成した図面に基づいて，加工のしやすさ，組立・分解のしやすさ，組立時の部品の干渉，加工工程の工数などを考慮して，部品図，部品組立図を作成する．さらに機械の総組立図を作成し，全体として機械が仕様どおりに正しく機能するかを綿密に確認する．この段階の設計は機械全体の品質やコストに大きく影響し，重要な役割を持っている．この段階では生産現場との連携が必要になる．

以上のようなプロセスを経て，設計が行われる．設計は製品に対する概念あるいはイメージを具体的な形状として図面に表し，それを実際の生産工程において製造しやすいように製作図としてまとめあげる一連のプロセスである．

個々の機械によって異なるが，機械を設計する際の評価項目には，一般的に機械自体の性能あるいは品質，および機械の製造に関して次のようなものがある．

(1) 大きさと重量が適切であること
(2) 価格が適切であること
(3) 形や色彩などのデザインが市場の要求に合っていること
(4) 正確な動作のできる機構，構造であること

(5) 機械の耐久性が高く,運転費が安いこと.必要なエネルギーが小さいこと
(6) 十分な強さと剛性を持っていること
(7) 快適に使用できること(振動や騒音などが小さい)
(8) 操作がしやすく安全であること
(9) 点検・修理がしやすいこと
(10) 加工組立が容易であること

これらの評価項目をできる限り満足させる必要があるが,そのための解は一つではなく,その中から最適解を選ぶのは設計者の判断に任される.機械製品の設計の中に新しい工学技術を組み込んでいくためにも設計者には独創性が必要であり,その独創性は単なる思いつきでなく,数学や物理あるいは化学などの基礎的な幅広い学問に裏づけされたものでなければならない.

12.3 最近の機械設計

a. 製品設計の方向

1) 部品の標準化

機械要素としての部品は共通にいろいろな機械に使用されることが多いので,形状や寸法,材料などが規格によって標準化されている(たとえばJIS (Japanese Industrial Standard, 日本工業規格), ISO (International Organization for Standardization, 国際標準化機構)など).

標準化による利点は以下に示すような点である.
(1) 大量生産によりコストを下げることができる.
(2) 部品の互換性があるので,保守,修理がしやすくなる.
(3) 精度が高く,品質が一様な部品が提供される.

このように部品を標準化することにより,日本国内のみならず海外の部品メーカからも部品を調達することができる.近年,インターネットを用いた電子商取引(e-commerce)により全世界からの部品調達が行われ始めている.

日本以外の各国の工業規格にはANSI (American National Standard Institute:アメリカ), BS (British Standards:イギリス), DIN (Deutsche Industrie Normen:ドイツ)などがある.

2) 信頼性設計

製品の品質や性能は，購入時点のみならずその使用期間中に維持されていなければならない．また，その間に安全に使用されなければならない．この信頼性を確保するためには，製品の使用方法，使用環境あるいは使用条件などを十分に考慮して設計しなければならない．製品の安全性については，製造物責任（Product Liability：PL）法により，製品の欠陥により被害が生じた場合には製造業者が賠償責任を負うことを定めている．そのため近年，安全設計の重要性がますます増大している．

さらに，安全性が非常に重要視される機械については，機械部品などの故障が機械全体に重大な被害を及ぼさないように，以下に示すような設計方法を考える．

(1) フェイルセーフ設計（fail safe design） 機械部品の破壊を完全に防ぐように設計することは重要であるが，すべての部品を破壊しないように設計しようとすると，過度に安全を保障する過大設計になることがある．そこで，機械では部分的な破壊が必ず起きるということを前提にして，その破壊を狭い範囲でとどめ，致命的な事故や機能が極度に低下することのないような構造となるように設計を行う．この考え方をフェイルセーフ設計と呼ぶ．

この考え方は航空機の設計で最初に取り入れられた．航空機の翼などでは使用中にリベット穴などの応力集中個所からき裂が発生することがあるが，き裂が短い間はゆっくりと成長する．しかし，ある程度の長さになると急激に進展し不安定破壊を起こす．そこで，クラックアレスタ（crack arrester）と称する部材を翼の所々に配置し，き裂の急激な進展を妨げる構造にしている．このような設計により翼の突然の破壊を防止し，安全性を保つ工夫をしている．

(2) フールプルーフ設計（fool proof design） 人間は必ず偶発的なミスを犯すということを前提にして，人間が誤って操作しても重大な被害を及ぼさないような構造となるように設計することをフールプルーフ設計と呼ぶ．

たとえば，洗濯機の脱水機が回転している間は，誤ってふたを開けても脱水機が停止し，人間の手が巻き込まれないようにすること，あるいは自動車のパワーウィンドウに手を乗せたままスイッチを動かして閉めてしまった場合に，障害物を検知して，指を挟み込まないようにウィンドウを逆転させる機構などはフールプルーフ設計の例である．

(3) 冗長性設計（redundancy design） 機械は多数の部品から成り立っているが，その中の一つの部品が故障したことにより機械全体が運転不能になり，大きな被害を及ぼすことがある．そのような重要部品を複数個組み入れておき，一つが故障しても運転を続けられるようにしておくことを冗長性設計という．

たとえば，旅客機では複数台のエンジンを搭載しているが，このうちの1台が故障してもその他のエンジンで運航が可能なようになっている．また，工場などを管理するコンピュータが故障した場合，工場の機能が停止し，大きな損害を与えることになる．そのような場合には必ず複数台のコンピュータを設置し，1台のコンピュータが故障しても別のコンピュータがそれを肩代わりするようなシステムにしておく．

この場合には常に余分な機械部品を装備することになり，コストが高くなる．したがって，このような冗長性設計はその部品の故障が重大な損害を与える場合に限って適用される．

b．環境を考えた設計（日本機械学会，1997）

地球環境問題がクローズアップされ，二酸化炭素による地球温暖化現象，排気ガスによる大気汚染，各種廃棄物の増加など機械技術者が当事者となる問題も多い．ISO14000シリーズなどのように環境管理に関する国際規格も制定されており，緊急な課題として考えなければならない．機械技術者が考えなければならない環境問題としては，製品を製造する過程で消費されるエネルギーおよび排ガス，廃棄物など，でき上がった製品が使用期間中に消費するエネルギー，排出するガス，その製品が使用期間を終わった後の資源としての活用および廃棄物処理の問題などが考えられる．主に製品に関する資源活用の問題について考えた場合に重要なことは，① 資源のリサイクル，② リユース（再利用），および ③ 廃棄物のリデュース（減少）であるといわれている．① および ② が進めば ③ は減少してくるものと考えられ，① と ② が非常に重要である．

わが国においては平成13年より「循環型社会形成推進基本法」が法制化され，より資源のリサイクルを進めようとしている．機械製品のリサイクルに関しては，図12.8に示すように機械部品を加熱分解などして原材料あるいは部品材料の素材としてリサイクルする方法と，十分に使用可能な部品を再利用する方法とがあるが，リサイクルする方法では加熱分解するためのエネルギーが必要である

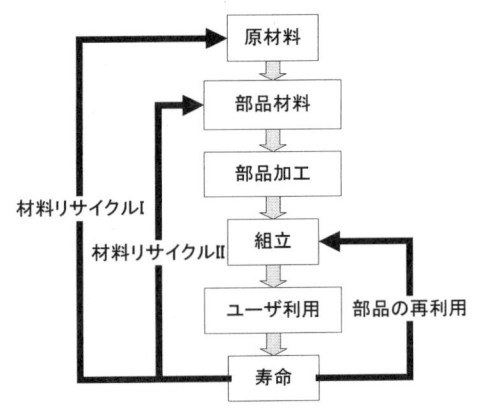

図 12.8 機械製品のリサイクルパターン

ので，再利用する方法の方が環境負荷は圧倒的に小さい．機械を設計する際に重要なことは，リサイクル性を考えて材料選択をすること，およびリサイクルする材料の分別のためおよび再利用する部品の取出しのために分解しやすい構造にすることなどである．これらの点も含めて設計の評価を行わなければならない．

c．情報技術（IT）の利用
1) CAE の利用

設計・製図業務において CAD（computer aided design）が 1970 年代から使用されてきている．当初は 2 次元 CAD で人間の作図の労力を助けるものであり，computer aided drawing（自動作図機）というべきものであった．CAD の利点は編集機能による図面の修正が容易であること，パラメータ機能を用いることにより寸法変更が容易に行え，標準部品の図面作成が容易になることである．CAD の出現により設計効率が上がると同時に，設計データをコンピュータにより管理することができるようになり，その管理が非常に効率的に行えるようになった．

近年，3 次元 CAD が活用されるようになっている．3 次元 CAD の特徴はコンピュータの中に機械部品の 3 次元モデルを構築し，コンピュータのモニタ上で視覚的に確認することができることである（図 12.9）．このモデルをコンピュータの中で回転させ，あらゆる方向から観察することができる．さらにコンピュータグラフィックス技術を用いてモデルの表面に現物に近い色および材質感を与え，

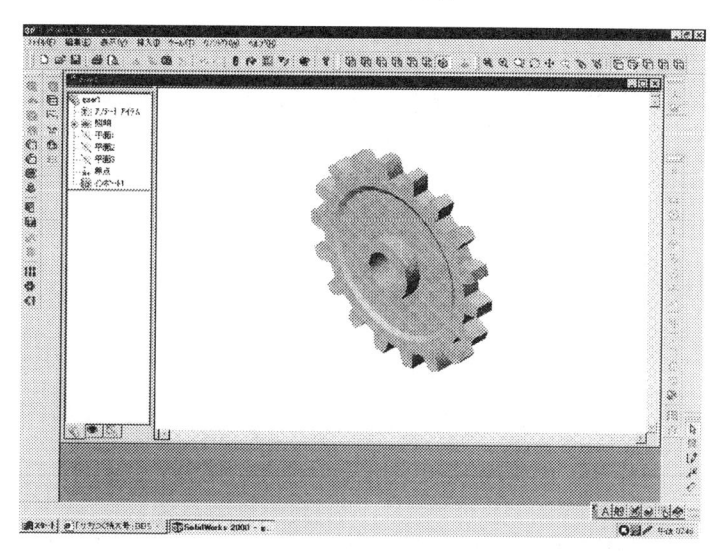

図 12.9 3次元CADによる部品設計

現物に近い見え方をコンピュータ上に実現することができる．これを用いることにより，実際に模型を作る代わりにコンピュータ内に模型を作り（デジタルモックアップ），外形デザインの評価を行うことができる．実際の機械部品は3次元であり，2次元の図面では完全に表せない部分があることを考えれば，3次元CADを使って設計をする方が自然であろう．

3次元CADによるデータを用いて有限要素法（finite element method: FEM）により構造解析，熱解析あるいは流体力学解析を行い評価を行うことができる（図 12.10）．数値解析の結果に基づいてただちに設計変更を行い，再度評価を行うというように，これらの機能を有機的に組み合わせて設計を行うことができる．また，コンピュータ内に仮想的に機械部品の構造を作成し（仮想現実感，virtual reality），部品の動きをシミュレートして部品の動作や干渉などを確認することができる．このような機能をCAE（computer aided engineering）という．このような方法によりコンピュータ内で各種の解析を行うことができ，試作や実験のコストを削減することが可能になる．

さらに3次元データは実際の加工の際のNC（numerical control）工作機械の加工データとして使用することができる．これをCAD/CAM（computer aided design/manufacturing）システムと呼んでいる．

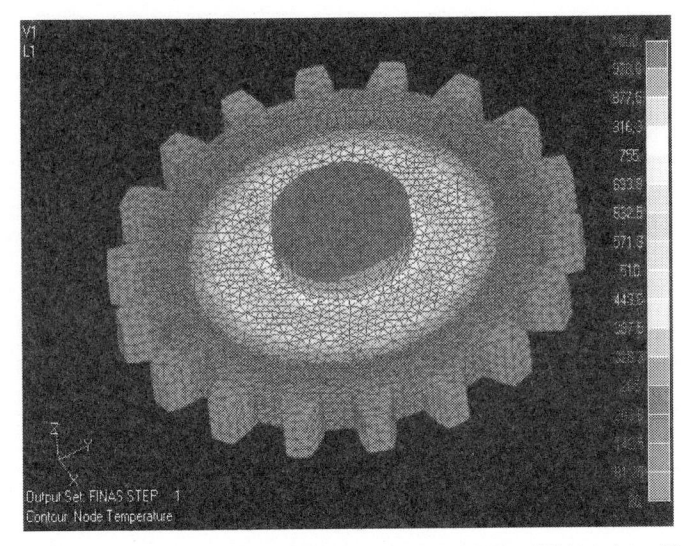

図 12.10 FEM による歯車の熱伝導解析（FINAS，開発：核燃料サイクル開発機構，CRC 総合研究所）

2) コンカレントエンジニアリング

製品の開発から量産に入るまで，従来の流れは図 12.11(a) に示すように，製品の企画，開発，製品設計，生産設計，生産準備というように順番に直列的に行われてきた．この方法では一つの仕事が終わった後，次の仕事に取りかかるため，時間がかかり，また最後の評価の段階で不具合があれば，フィードバックしてまた製品設計から見直さなくてはならない．これに対し，各分野の担当者が共同作業を行い，上記の工程を並行処理するのがコンカレントエンジニアリング (concurrent engineering) である．これは図 12.11(b) に示すように，一つの製品モデルについて商品企画，製品設計，生産設計の担当者がそれぞれの立場から評価し，協力して同時に開発しようとするものである．この方法では，並行処理することによって開発期間が短縮でき，また各担当者が同時に評価を行っているので，フィードバックを行って再検討するということもなくなる．これが容易に可能になったのも，コンピュータネットワークの発達により離れた場所にいる各分野の複数の担当者が情報を共有できるようになったことによる（図 12.12）．一つの 3 次元 CAD モデルを，ネットワークを通して離れた場所にいる担当者がそれぞれのコンピュータ上で表示させ，同時に同じモデルに対して作業をし，評

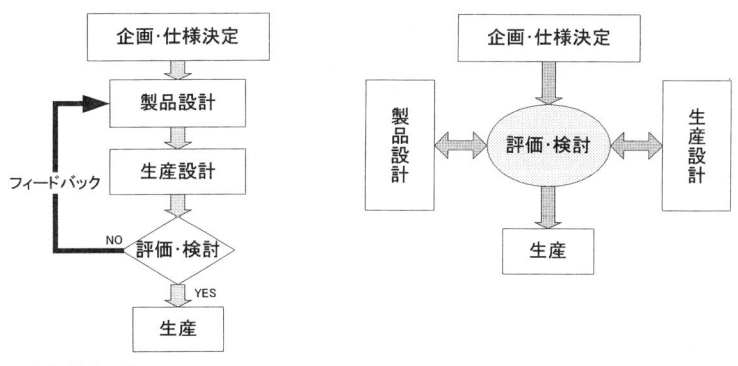

(a) 従来の機械設計の手順　　　　　　(b) コンカレントエンジニアリング

図 12.11　機械設計の効率化

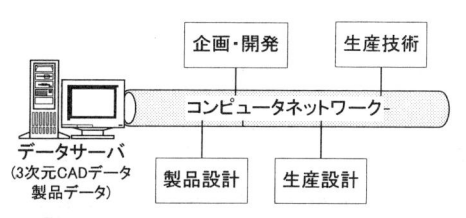

図 12.12　ネットワークを用いたデータ共有

価を行うことができる．このような情報技術の発展によって今後設計の手法は飛躍的に変化していくものと考えられる．

13

機械工作

　一つの製品を作り上げるためには，実に多くの加工工程を必要とする．それらすべてを一つの章で網羅するのはほとんど不可能に近い．そこで本章では，金属製の部品を精度よく作るための基本となる「計測」と「切削加工」を主に取り上げる．読者にあっては，自分の身のまわりの製品をよく見て，それらがどのようにしてできたかを考え，本章の説明も参考にしながら「モノ作り」の難しさと楽しさを実感するよう心がけていただきたい．

13.1　人の手による作業および加工

　工業製品を作り上げる過程で，人の手によって行わなければならない作業は意外に多い．大量に生産する製品については省力化をはかるのは当然であるが，それでも素材や製品の取り付け，取り外し，仕上げ，計測，検査，組み立て，調整など多くの手作業が残される．本節では，計測と仕上げ作業のうち一般的かつ重要な手作業を選んで解説する．

a．形状，寸法の計測
1）ものさし

　寸法測定に使われる器具のうち最も基本的な器具は，長さを計るものさしである．日本工業規格（JIS）では金属製直尺を JIS B 7516 に定めている．

　金属製直尺の細小目盛りは 1 mm または 0.5 mm である．それ以上細かい目盛りをつけても，人の網膜の分解能を考えると意味はない．測定者は，通常最小目盛りの 1/10 までかなりの精度で読み取ることができる．したがって，眼のよい人の場合，0.5 mm の最小目盛りを使ってその 1/10 まで読むよう訓練を積めば，

0.05 mm の測定精度を得ることも可能である．

2) パ ス

パスは，加工現場で金属製直尺と併用することにより軸の外径，穴の内径，板の厚さなどを手軽に測定するための器具である．図 13.1 に示したものはふつうの摩擦式のパスである．

パスによる測定では，目視による寸法設定と指先の感触による計測が重要であり，いずれも熟練が要求される．熟練すれば，たとえば丸棒の直径であれば 0.01〜0.02 mm くらいは判別できるようになる．

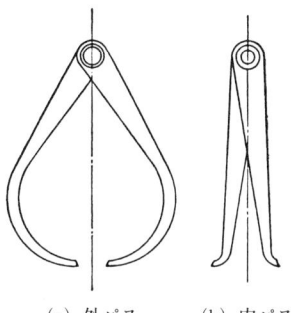

(a) 外パス　(b) 内パス

図 13.1 パス（機械製作法研究会，1974 より）

3) ノギス

軸や穴の直径，板の厚さ，穴の深さなどを計るのに常に手放せないのが図13.2に示すノギスである．外見上からは，単にものさしとパスを組み合わせただけのように見えるが，これにバーニア（副尺）を組み込んだことによりその機能が格段に向上したものである．

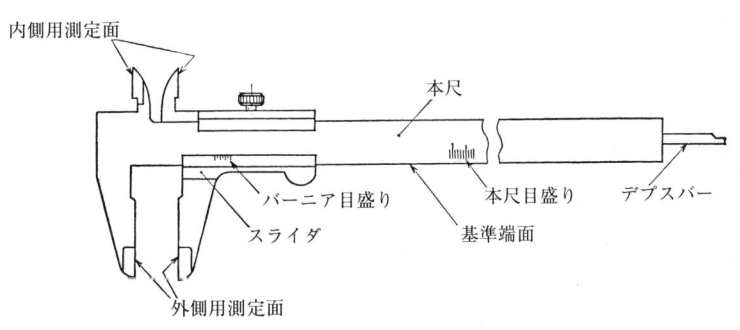

(a) ノギス（M1形）

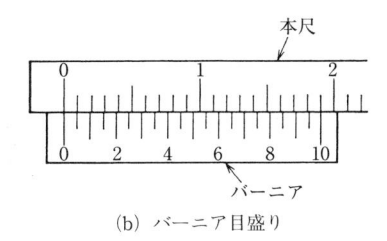

(b) バーニア目盛り

図 13.2 ノギス（加藤ら，1984 より）

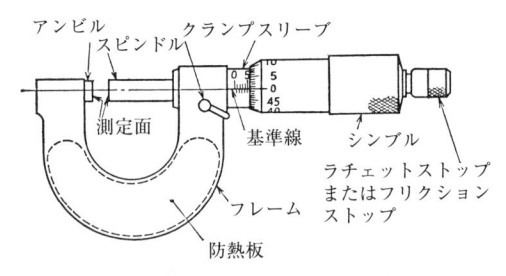

図 13.3 外側マイクロメータ
(加藤ら, 1984 より)

バーニアには，本尺の $(n-1)$ 目盛りを n 等分した目盛りがつけてあり，その1目盛りは本尺の1目盛りより $1/n$ 目盛り分だけ短い．たとえば図示のバーニアの場合には，主尺の目盛り線と一致するバーニアの目盛りを読むことによって，1/20 mm まで目盛りを使って，言い換えれば 0.05 mm までは個人差なく，精度よく計測することができる．

4) マイクロメータ

マイクロメータは精密なねじの回転による送りが回転角に比例することを利用した，機械的な長さの測定器である．ノギスに比較して測定精度が高く，携帯にも便利であり，高精度が要求される加工に欠くことができない測定器である．

図 13.3 に示したシンブルを1回転するとスピンドルが 0.5 mm 進む．シンブルの円周には 50 目盛りが刻んであるので，1目盛りは 0.01 mm に相当し，その 1/10 を目測で読み取れば，0.001 mm すなわち1マイクロメータを正確に認識できるわけである．

5) ダイアルゲージ

ダイアルゲージは，スピンドルの上下運動をラックとピニオンを介して指針の回転運動に変換し，ダイアル上でこれを読み取る器具である．スピンドルの可動距離は 10 mm で，測定精度は $10～30\,\mu m$ である．通常はマグネットスタンドなどの保持具につかみ，基準となる部品との差を読み取るために使われる．このような測定機器を総称してコンパレータと呼び，ミニメータ，オルソテスト，ミクロケータ，空気マイクロメータなど多くの種類がある．

なお，ノギス，マイクロメータ，ダイアルゲージにはディジタル式のものも多く製作，販売されている．異なった測定原理を持ち，さまざまな工夫がこらされ

ている.

b. 基準ゲージと限界ゲージ
1) 基準ゲージ
どのような測定機器でも,それが正しい値を示しているかが検査できなければ意味がない.それを行うのが基準ゲージである.長さの検定にはスウェーデンのヨハンソンによって発明されたブロックゲージが広く使われる.いろいろな長さ(1.005〜100 mm)の鋼のブロックで構成されており,103個で1組のセットになっている.ブロックの測定面は,焼入れ,研削,ラップ加工され,平面度,表面粗さともに高精度に仕上げられている.使用者はこれを組み合わせ,1.005〜300 mm間で0.005 mmとびに任意の長さの基準ゲージを得ることができる.

角度を測定する機器の検定には,同じくヨハンソンの発明になる角度ブロックゲージもあるが,一般にはNPL型の角度ゲージが用いられる.ヨハンソン型は1セットが85個で1/60度おきに種々の角度を作ることができるのに対し,NPL型はわずか12個のブロックを組み合わせ,1/100度おきに任意の角度を得ることができる.

2) 限界ゲージ
でき上がった製品の寸法が正しいか否かを検査するとき,短時間で正確に測定でき,しかも計測者による差異がない器具が必要である.そのために考えられたものが限界ゲージである.たとえば,ある穴の直径が X mmより大きく Y mmより小さい範囲に仕上げられなければならないとき,円柱状のゲージを作り(これをプラグゲージと呼ぶ),左側の直径を X mmに,右側の直径を Y mmに仕上げる.これを使えば,左側のゲージ(通り側と呼ぶ)が入り,右側のゲージ(止まり側と呼ぶ)が入らないような穴は,すべて正しい寸法に仕上がっていることを簡単かつ正確に確認することができる.

限界ゲージは,穴ばかりでなく,軸の直径,板の厚さ,穴の深さ,隙間など,あらゆる形状の製品の計測に使われる.読者は,大量生産されるエンジンの部品はどのエンジンに使われても正しく機能し,数年後にその部品を注文しても正しい寸法の部品が届くことを知っているであろう.すべての部品が限界ゲージを使って公差内の寸法に正しく入っていることが確認されており,互換性が確保されているからこそ可能なのである.

図 13.4　きさげ工具

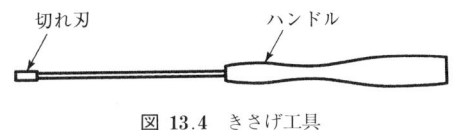

c．仕上げ作業

手作業による仕上げ作業のうち特に重要なものは，きさげ加工である．きさげ加工なくして今日の工業の発展はなかったといっても過言ではない．たとえば，精密な工作機械の案内面を作ろうと考えてみよう．いくら精度の高い研削盤でその案内面を仕上げても，その案内面の平坦度はそれを作った研削盤の精度を超えることはない．この壁を破るには，手作業によるきさげ加工しか方法はない．

きさげ加工では，まず対象となる平面に光明丹を塗り，他の平面とこすり合わせて，その平面のどこが高いかを見つけ出す．次に，図13.4に示すような簡単な工具を使って，高い場所の表面を数十マイクロメータだけ削り取る．これを繰り返すことによってその平面の平坦度を改善していくわけである．熟練を要する重要な加工である．

13.2　切　削　加　工

石，木材，金属，プラスチックなど各種固体素材の一部を，それより硬い材料を使って削り取ることによって希望の形状に仕上げる加工を切削加工と呼ぶ．本節では，金属を削るための工具にはどのようなものがあるか，金属はどのようにして削られるのか，どのような機械でどのような形状の製品を作ることができるのかを解説する．

a．切削用工具材料

刃物は人類が開発してきた道具のうちで，こん棒についで2番目に古い道具であろう．石の斧から始めて，およそ20万年をかけて，いまでは焼きを入れた鋼を削ることのできる刃物までも現れてきた．

切削加工を行うためには，工具は常に削られる材料（被削材と呼ぶ）より硬い材料で作られていなければならない．もちろん硬いだけでは十分ではなく，加工時にかかる高い応力によっても容易に折れたり，欠けたり，摩耗することなく，

長時間の使用に耐える材料である必要がある．さらに金属を切削するときには高い熱を発生するので，上記の性質が高温下でも長時間持続するものであってほしい．現在産業界では，さまざまな用途にあわせたさまざまな材料が開発され，使われている．なかでも，高速切削が可能な工具材料の需要はきわめて高く，世界中の工具メーカがよりすぐれた材料の開発にしのぎを削っている．

表 13.1 切削工具材料

工具材料名	素　材	主な使用範囲
炭素工具鋼	炭素含有量 0.80～1.5％ の高炭素鋼	HRC 64 前後の硬さ，300℃ で軟化 木材加工用
合金工具鋼	炭素以外に Cr, W, Mn, Ni, Mo, V を 1 種または 2 種加えた合金	HRC 45～63 の硬さ，300℃ 前後が使用限度 引き抜きダイス，やすり，丸鋸，帯鋸，ハックソー，プレス加工用工具，打ち抜き加工用工具，各種ゲージ
高速度鋼	W, Mo, Cr, V または Co を比較的大量に含む高炭素の鋼	HRC 62～68 の硬さ，650℃ まで使用可 多用途工具用としてほとんどすべての切削工具に，重切削用工具材料として最適
超硬合金	炭化タングステン WC を主成分とし，TiC, TaC などを適量加え，Co を結合剤として焼結させたもの	HRC 87～92 の硬さ，1200℃ くらいまでは使用に耐える 高硬度の鋼や鋳鉄を切削でき，焼入れ鋼や難削材の高速切削にも使用
サーメット	TiC を主成分とし，Mo-Ni 系金属結合剤で焼結，結合剤として Fe を使用することもある	HRA 92～94（ロックウェル A スケール）の硬さ，1200℃ 前後の耐高温性
セラミック	高純度のアルミナセラミック α-Al$_2$O$_3$ を主原料として焼結したもの	HRA 95 の硬さ，耐熱温度は 1100℃ であるが，熱伝導度が低く，対高速切削性能にすぐれる
ダイアモンド	人工のダイアモンド粒子を金属を結合剤として焼結したもの	常温で化学的に安定している物質のうち最も硬い 高速切削専用で，被削材の種類によって最適切削速度は大きく異なる
コーテッド工具	超硬合金や高速度鋼に物理蒸着または化学蒸着により TiC, TiN などの薄膜を蒸着させた工具	母材の持つ高いじん性を保持しつつ，セラミックの性質を利用し高速切削を可能とするための工具
CBN	CBN（窒化ボロン立方晶）の粉末を，高含有率，かつ強固に焼き固めたもの	ダイアモンドにつぐ硬度・熱伝導率を有する 高速乾式加工でもすぐれた耐摩耗性と耐欠損性を発揮

切削用工具に使用される主な材料を表 13.1 に示す．用途に応じた適切な工具材料の選択が重要で，加工コストに大きな影響を持つ．

b. 金属の切削機構

木や紙の切断は，それらの長い植物繊維の結びつきを断ち切ることによって行われる．金属を切削するときの現象はまったく異なる．図 13.5 は工具刃先近傍の被削材の変形の様子を示したものである．切れ刃は工具すくい面と逃げ面からなり，この二つの面をつなぐ切れ刃先端には通常 $6\sim20\,\mu\mathrm{m}$ の丸みがつけられている．さて，被削材はまず一次変形領域でごく短い時間に大きな応力変化を受ける．変形領域内のせん断応力は被削材の降伏せん断応力を超え，材料は大きなひずみの塑性変形を起こし，上向きの速度ベクトルを得て，切りくずの形状になって流れ始める．この塑性流れは，切れ刃の先端部分では，高い引張りの集中応力を引き起こし，被削材を母材から引き剝がす．一方工具すくい面に接した材料は強い力ですくい面に押し付けられながら上方に流れる．その摩擦力によって材料は二次変形領域内でさらに大きく変形しながら切りくずとなって流出するわけである．

以上から容易に推測できるように，この二つの変形領域での変形によって高い熱が発生する．その熱は切りくずと被削材に伝導し，工具のすくい面と逃げ面にも伝達される．この熱が大敵で，逃げ場を失った熱が工具の温度を著しく上昇させるわけである．工具材料の開発はとりもなおさずこの熱との戦いであると考えてよい．

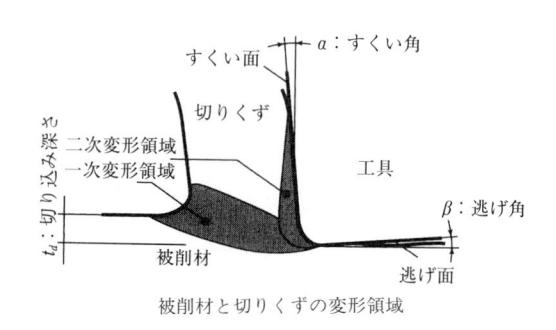

被削材と切りくずの変形領域

図 13.5　金属切削機構

c．切削加工の種類

工作機械によって行われる切削加工のうち代表的なものを取り上げ，その概要を以下に解説する．各工作機械の詳細について述べる余裕はないが，ここに述べる原理を理解したうえで実際の工作機械をよく観察し，理解を深めていただきたい．

1) 旋削加工

旋削加工の原理は，陶器や木製品の製作に用いられる轆轤（ろくろ）と基本的には同じである．被削材をチャックと呼ばれる保持具でつかんで回転させ，これに工具を切り込ませ，送りを与えることによって，被削材の表面を少しずつ削り取る．でき上がる製品は常に回転体である．旋削加工によって可能な加工を図13.6 に示す．

旋削加工を行う工作機械を「旋盤」と呼ぶ．切り込みや送りをコンピュータによって制御し，さらに工具の自動交換装置（automatic tool changer : ATC）をつけた製品が一般的である．各メーカが工夫を凝らし，ソフトウェアを含め多くの機能を強化している．

2) フライス加工

旋削加工とは逆に，工具をつかんで回転させこれによって被削材を切削する加工をフライス加工と呼ぶ．英語ではこれを「ミリング」と呼ぶが，この語は粉挽きという意味である．フライス加工が工具をちょうど石臼のように回転させ，粉のような小さな切りくずを出す加工であることをよく表している．

図 13.7 は，フライス加工によってどのような製品が加工できるかを示したも

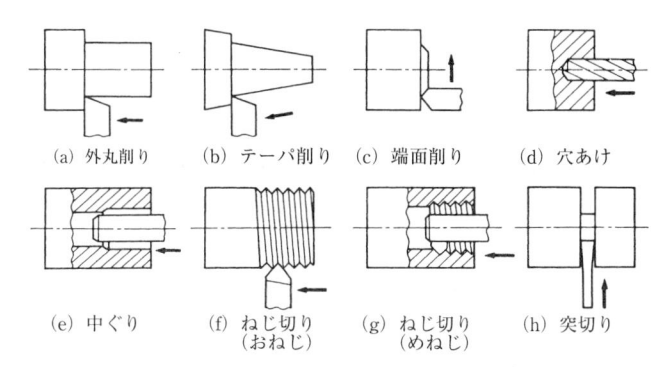

図 13.6　旋盤による加工（加藤ら，1984 より）

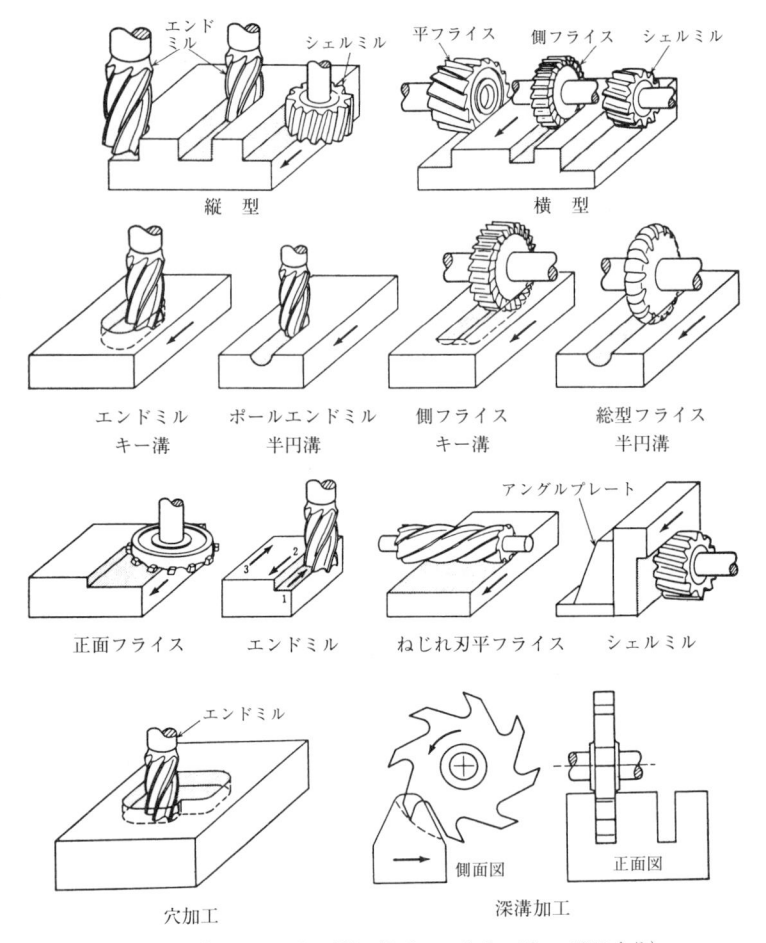

図 13.7 各種のフライス削り (Roberts & Lapidge, 1977 より)

のである．フライス加工には，大きく分けて2種類の加工法がある．一つはフライス工具の回転軸が被削材の表面に対して平行な加工，もう一つは回転軸が被削材の表面に対して直角な加工である．前者を「横フライス加工」，後者を「縦フライス加工」と呼ぶ．それぞれ独自の役割を持ち，まったく別の工作機械によって行われてきた．「マシニングセンタ」として市場に出ている機械のほとんどは，従来の縦フライス盤に主軸の回転や，送り台の送り速度を制御し，ATC機能を

13.2 切削加工

つけたものである。フライス加工に使われる工具を「フライス」あるいは「フライスカッタ」,「ミリングカッタ」などと呼ぶ。各加工に対してそれに適した形状のフライスが使われる。そのためマシニングセンタには何種類ものフライスが必要となり、ATCが備えられている。

3) 穴あけ加工と穴加工

　金属の穴あけ加工は最も難しい加工であるといえるかもしれない。金属の塊の表面から工具を突っ込み、中の金属を引き剝がして表面に取り出してくる加工だからである。この加工はドリルと呼ぶ工具で行われる。図13.8は、最も一般的な「トゥウィストドリル（ねじれぎり）」を図示したものである。初期のころ、たとえば種子島銃を作っていた時代には平板をねじってドリルとし、その先端を削って焼きを入れて切れ刃をつけていたところからこの名がつけられている。溝の形状も重要であるが、刃先の形状が特に重要であることはいうまでもない。

　現在市場では、0.5mmぐらいから直径70mmぐらいまでの間のさまざまな直径のドリルを入手できる。半導体産業では細い穴を多数あける加工の需要があり、直径が0.12mm、0.08mm、ついには0.05mmのドリルも作られるようになってきた。日本人の髪の毛の半分以下の太さのドリルでダイス鋼に穴をあけることができるわけである。

　さて、ドリルの断面は平板状であるから、切削抵抗がかかるとドリルは容易に曲がる。そのためドリルであけられた穴はそれほど正確ではない。穴の直径はドリルの外形より大きくなり、形も真円からはほど遠い。穴は真直ぐではなく必ず曲がり、深さによって形が異なることも珍しくなく、しかも穴の内面は平滑でなく非常に粗い。これらの問題を解決するためにも多くの努力が払われている。

　一方、ライフル銃の銃身のように穴の深さが直径に比べて極端に深く、しかもきわめて高い直進性が要求される場合は、もうトゥウィストドリルは使えない。

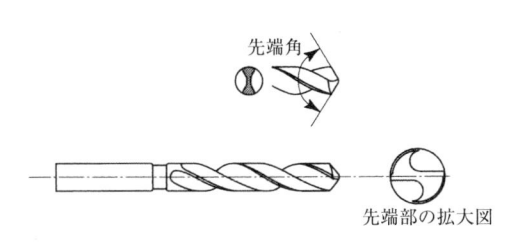

図 13.8　トゥウィストドリル

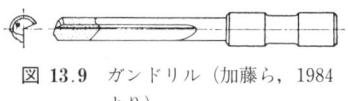

図 13.9　ガンドリル（加藤ら，1984より）

そのために開発されたドリルが図13.9に示したガンドリルである．これを使うと，穴の底の中心部分が常にドリル側に突き出した形状となって切削が進行する．ドリルの中心はこの突起によって案内され，そこからずれることがないため真直ぐな穴をあけることができる．

さらに重要な穴加工に，精密な工作機械の主軸やエンジンのシリンダなどの穴加工がある．これら円筒の内部を精度よく加工することに特化した工作機械を「中ぐり盤」と呼び，中ぐり盤による加工を「中ぐり加工」という．ジェームス・ワットがやかんの蓋が蒸気で浮き上がるのを見て蒸気機関を発明したという話が広く語られるが，彼はシリンダ内部を正確に削ることのできる中ぐり盤を開発した人であって，これによってはじめて蒸気機関の製作が可能になったことを忘れてはならない．

中ぐり盤には「横中ぐり盤」と「縦中ぐり盤」がある．図13.10は横中ぐり盤に使われる「中ぐり棒」と呼ばれる工具を示している．左端で駆動し，右端を支えて加工するものである．穴加工では必然的に穴の内径より太い工具は使えない．このため上記のいずれの工具もできるだけ太いものを使い，刃物はその外周

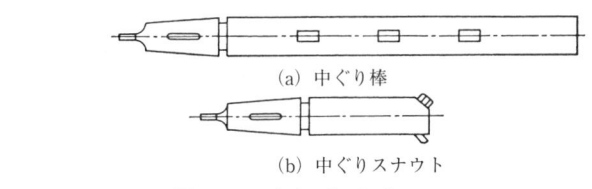

(a) 中ぐり棒

(b) 中ぐりスナウト

図 13.10　中ぐり棒（加藤ら，1984より）

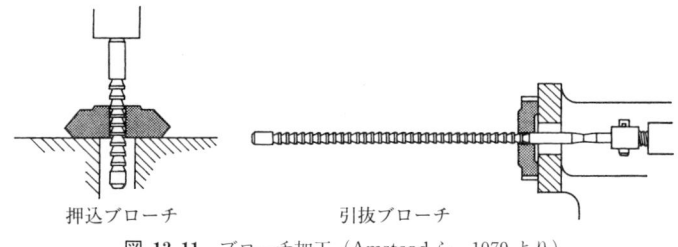

押込ブローチ　　　　引抜ブローチ

図 13.11　ブローチ加工（Amsteadら，1979より）

部分から少しだけ突き出して切削する．一方「縦中ぐり盤」は，外形的には縦フライス盤あるいはマシニングセンタとあまり変わりがない．しかし，縦中ぐり盤はフライス盤よりさらに正確な穴加工を目的にするもので，細心の注意を払って製作される．「治具中ぐり盤」あるいは「ジグボーラ（jig borer）」と呼ばれることも多い．穴の中心位置を正確に読み取れるよう顕微鏡が取り付けてあり，コンピュータ制御の場合には$1\mu m$の送りが正確に再現できることが要求される．

4) ブローチ加工

円筒の内面が円ではなく，たとえばスプライン軸の穴のように複雑な形をしているときは，これまで見てきたような旋削加工や中ぐり加工では作ることができない．そこで考えられたのが図13.11に示す「ブローチ」という工具である．この工具を穴の中に入れて，これを引き抜き（押し込むタイプもある），一気に仕上げてしまう加工である．一つ一つの刃が少しずつ切削を受け持ち，工具全体が通り抜けたら製品ができ上がる．この加工法は穴ばかりでなく外形の加工も行うことができる．

ブローチは他の工具に比較して製作に時間がかかり，ある製品に対してそれ専用のブローチを必要とする．当然工具コストは高くなるので，ふつうは大量生産される製品にしか適用しにくい．設計に当たってもこの点を十分考慮すべきである．

5) 歯切り加工

歯車も最も重要な機械部品の一つである．高い精度の歯車を効率よく削りだすために多くの機械が作られ，現在も専門メーカによる地道な努力が続けられている．ここでは一般的な歯車の加工方法を紹介し，その概略を理解していただくことにする．

歯切りの方法を大別すると，(1)成形刃物とフライス盤を用いる方法，(2)形板を用いる方法，(3)創成法による方法，になる．しかし(1)と(2)の方法は現在ではほとんど使われない．創成法によって歯切りされた歯車がほとんどである．創成法とは，工具と歯車素材との相対運動によって歯を削りだす方法である．モジュールの等しい歯車であれば，1個の工具によってどんな歯数の歯車でも，言い換えればどんな直径の歯車でも削りだすことができる．この創成法には，ラック形工具を使う方法，ホブという工具を使う方法およびピニオン形工具を使う方法とがある．

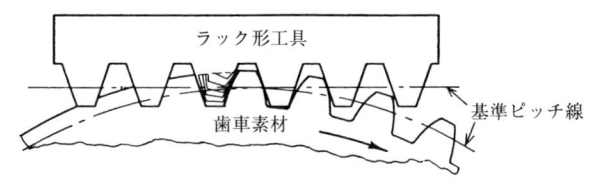

図 13.12 ラック形カッタによる創成歯切り（Amsteadら，1979より）

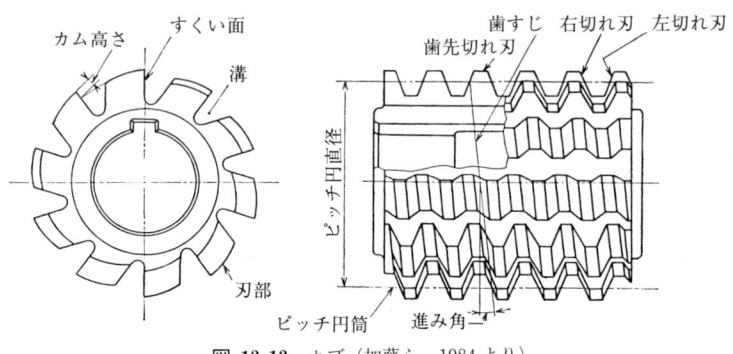

図 13.13 ホブ（加藤ら，1984より）

　ラック形工具による歯切り法を図13.12に示す．ラック形工具と製作する歯車素材の基準ピッチ線を一致させ，ラック形工具を図の紙面に直角な方向に動かして切削を行う．同時に工具と素材両者に歯車と同じ転がり運動をさせながら，正しい歯車形状を創成していく．

　ホブはラック形の工具を円筒面状にねじのように配置し，いわば直線の鉄道のレールをキャタピラのような無限軌道に変えたものである．このホブの形状を図13.13に示す．歯車の側からホブの動きを見ると，図13.14の細線のようになる．正しい形状の歯車が創成されることが理解されるであろう．ホブによって歯車を作る工作機械をホブ盤と呼ぶ．ホブ盤は平歯車，はす歯歯車，ウォーム歯車を製作することができる応用範囲が広い工作機械である．ラック形工具による加工に比べると加工能率が高いことも特徴の一つである．

　ピニオン形工具による歯切りは，図13.15に示すようにピニオン形状をした工具で切削を行う方法である．歯車素材を少しずつ回転させていく一方，工具を往復切削運動をさせながら回転させていくものである．このために使用される工作

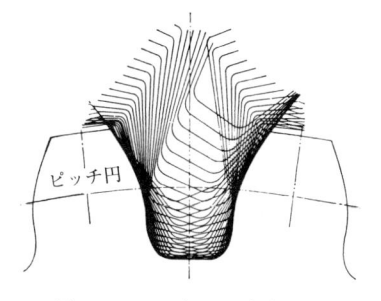

図 13.14 ホブによる創成原理
(Dudley, 1962 より)

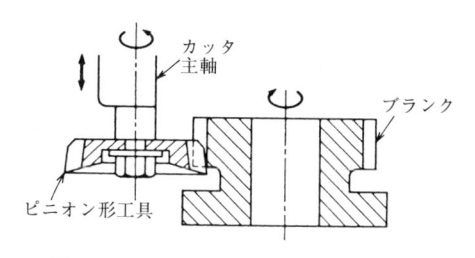

図 13.15 ピニオン形工具による歯切り運動
(加藤ら, 1984 より)

機械を歯車形削り盤と呼ぶ.

　かさ歯車は軸の回転数ばかりでなく，回転軸の方向も変えることができるという意味でユニークな機械要素である．かさ歯車の歯切りには，往復もしくは回転切削運動をする直線切れ刃の工具を使い，被切削歯車と工具にピッチ円錐の転がりに相当する相対運動を与えて歯形を創成する．

　曲がり歯かさ歯車の歯切り法および歯切り盤には多くの種類があり，それぞれ使用する工具の形状が異なり，歯筋の形状も異なっている．その中でも，グリーソンの正面フライス方式で創成されるのが最も一般的であると思われるので，その創成の様子を図 13.16 に示す．図(a)は，ある曲がり歯かさ歯車が冠歯車（曲がり歯かさ歯車の円錐の頂角が 180 度の歯車）とかみ合っている様子を示している．もしこのような曲がり歯が削りだされれば，正しい曲がり歯かさ歯車ができ上がるわけである．そこで図の(b)のように，フック状の歯形を持つ正面フライスカッタを回転させて仮想の冠歯車を構成し，歯車素材との相対的な運動によって曲がり歯かさ歯車を創成する方法である．

　歯車は以上のような方法で製作されるが，使用目的によってはこのままでは精度が不十分な場合が多々ある．切削速度が遅いために表面粗さが粗すぎたり，対摩耗強度を増すために焼きを入れるので歯形形状が設計値からずれたりする．これらを修正するための二次加工のうち，特に重要なのがシェービングと研削である．シェービングは図 13.17 に示すシェービングカッタを用いて表面をわずかに削ることによって，また研削は図 13.18 に示すような薄い研削と石を使って歯の表面を研削することによって，歯車の表面粗さと歯形精度を改善するものであ

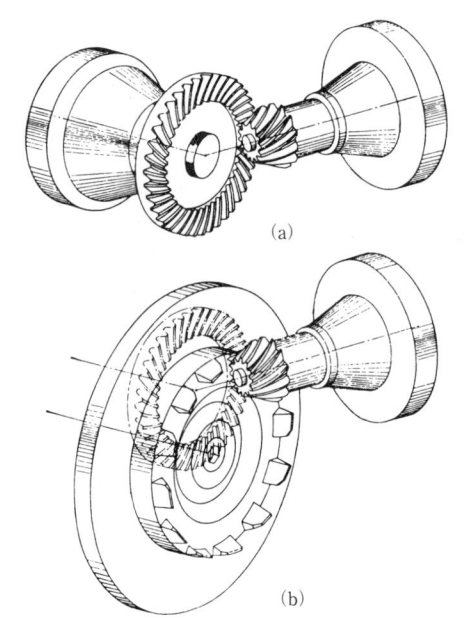

図 13.16 曲がり歯かさ歯車の正面フライスカッタによる創成歯切り法
(Dudley, 1962 より)

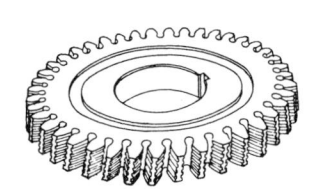

図 13.17 平歯車シェービングカッタ（加藤ら，1984より）

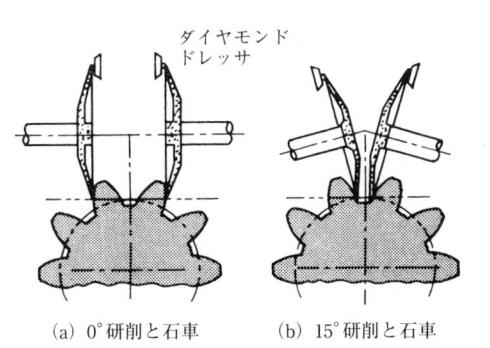

(a) 0°研削と石車   (b) 15°研削と石車

図 13.18 マーグ歯車研削盤による研削
(Dudley, 1962 より)

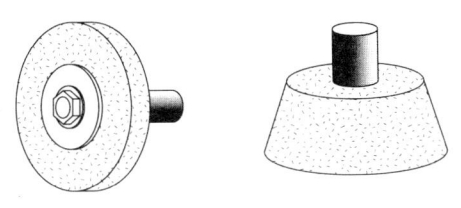

図 13.19 研削砥石の一例

る．

歯車を大量生産する場合には，以上のような方法をまったくとらない場合も多い．円筒の内部に歯車を切った内歯車はブローチ加工で作ることが多い．正確なブローチができることが条件であることはいうまでもない．プラスチック製歯車はほとんど切削によらず，高精度の金型を使ってプラスチックインジェクションで製作する．

13.3 研削加工

金属表面の粗さと平坦度を増し，寸法精度を向上させる目的で行う加工を研削加工と呼ぶ．通常は，図 13.19 に示すような円盤状の研削砥石を高速度で回転させ，わずかな切込みを与えながら，仕上げようとする表面に沿って送ることによって加工する．研削砥石は，砥粒とボンドからなる．砥粒は，当然被研削材料よりはるかに硬く，かつ強靱な材料でなければならない．現在使われている砥粒には，天然砥粒としてはダイアモンド，人造砥粒としてはアランダム（Al_2O_3），白色アランダム（より純度の高いAl_2O_3），カーボランダム（SiC 90%），緑色カーボランダム（より純度の高い SiC），CBN（BN の立方結晶）などがある．

13.4 鋳造法

溶解した金属を原型と同じ模型から作られた鋳型に注入し，凝固させて原型と同じ形の製品を作る方法を鋳造法という．鉄の溶解が始まったのはエジプトで，紀元前 1600 年頃であろうとされているが定説はない．現在でも，砂で鋳型を作りこれに金属を流し込む砂型鋳造法が最も一般的な鋳造法である．しかし，この

方法は大量生産には必ずしも適切でなく，精度や表面の品質にも問題があるので，以下のような鋳造法が開発され，広く普及している．

　　遠心鋳造法　　ダイカスト鋳造法　　シェルモールド鋳造法
　　精密鋳造法　　真空鋳造法　　フルモールド法　　連続鋳造法

最も適切な鋳造法を必要に応じて選択しなければならない．

13.5　塑　性　加　工

a．鍛造加工

鍛造加工は，再結晶温度以上に加熱した材料に外力を加え，塑性変形を与え目的とする形状に成形する加工方法である．適切な鍛造と熱処理を行うことによって，材料の結晶を微細化し，組織を均等にし，材料の強さを増すことができる．

日本刀を作るときのような自由鍛造のほか，型を使う型鍛造，ボルトの頭を作るようなすえ込み鍛造，板や帯を作る圧延，線材を作る引き抜き，などが行われる．

b．プレス加工

金属の板に力を加えて所定の形状に成形する技術をプレス加工と呼ぶ．自動車，航空機，電気機器などの発達とともに成長してきた．均一な製品が得られること，大量生産に向いていること，軽量で強度の高い製品を得ることができるなどを特徴とする．

プレス加工は，せん断加工と成形加工に大別できる．成形加工には，曲げ加工，絞り加工，バルジ加工，圧延加工，引き抜き加工，転造加工，さらには継ぎ目のない管を作るための管材加工などがある．高いエネルギーを衝撃的に与えて塑性変形を起こさせる爆発成形法，放電成形法，電磁成形法もすべて塑性加工の一種である．

13.6　その他の加工

モノ作りにはこれまで述べてきたような加工法のほかにも，まだまだ数多くの加工法が使われる．材料を除去する加工には，放電加工，電子ビーム加工，プラ

ズマアーク加工，レーザビーム加工，電解加工，電解研削，超音波加工，噴射加工，エッチング加工，などが活用されている．粉末から製造する粉末合金法，膜をつけるための物理蒸着法や化学蒸着法，部品どうしをくっつけるための溶接，切るための溶断，合成樹脂を成形するインジェクションモールド，金属の性質を調整するための熱処理なども重要な技術である．機会をとらえて知識を深められることを期待したい．

文　献

■第1章
日本機械学会編：機械工学SIマニュアル，日本機械学会，1979．
小学館編：日本大百科全書，小学館，1985．

■第2章
日本機械学会編：機械工学便覧，B4，材料学・工業材料，日本機械学会，1988．
日本金属学会編：金属データブック，丸善，1984．
日本金属学会編：金属便覧，丸善，1990．

■第3章
Beer, F. P. and Johnston Jr., E. R.: Mechanics of Meterials, McGraw-Hill, 1981.
竹園茂男：基礎材料力学，朝倉書店，1984．

■第4章
（振動について解説した一般書）
鈴木浩平：振動を制する，オーム社，1997．
田中基八郎，大久保信行：振動を見る，オーム社，1994．
（機械力学，振動学の参考書）
原　文雄：機械力学，朝倉書店，1996．
清水信行，沢登　健，曽我部　潔，高田　一，野波健蔵：基礎と応用機械力学，共立出版，1998．
末岡淳男，金光陽一，近藤孝広：機械振動学，朝倉書店，2000．

■第5章
森田　均：機構学，サイエンス社，1984．
小川　潔：機構学，朝倉書店，1967．
桜井恵三：基礎機構学，槇書店，1983．
高野政晴：機械運動学，コロナ社，1978．

■第6章

Kuo, B. C.: Automatic Control Systems 7 th ed., Prentice-Hall, 1995.
元村悦次郎：自動制御とは何か，コロナ社，1990．
高木章二：メカトロニクスのための制御工学，コロナ社，1993．
高木章二：ディジタル制御入門，改訂2版，オーム社，1999．

■第7章

笠木伸英ほか編：流体実験ハンドブック，朝倉書店，1997．
日野幹雄：流体力学，朝倉書店，1992．
Hinze, J. O.: Turbulence, McGraw-Hill, 1959.
今井　功：流体力学，岩波書店，1993．
日本流体力学会編：流体力学ハンドブック，第2版，丸善，1998．
ラジャラトナム著，野村安正訳：噴流，森北出版，1981．
ロッタ著，大路通雄訳：乱流，岩波書店，1975．
佐藤　浩：乱流，共立出版，1982．
Schlichting, H.: Boundary Layer Theory, McGraw-Hill, 1979.
谷　一郎：流れ学，岩波書店，1969．
谷　一郎：流体力学の進歩　境界層，丸善，1980．
保原　充，大宮司久明：数値流体力学，東京大学出版会，1992．

■第8章

古屋善正ほか：改訂新版流体工学，朝倉書店，1982．
市川常雄，日比　昭：油圧工学，朝倉書店，1979．
大橋秀雄：流体機械，森北出版，1987．
大橋秀雄ほか編：流体機械ハンドブック，朝倉書店，1998．
ターボ機械協会編：ターボ機械入門編，日本工業出版，1989．

■第9章

ムーア，W. J. 著，藤代亮一訳：新物理化学（上），東京化学同人，1967．
斎藤　武，大竹一友，三田地紘史：工業熱力学通論，第2版，日刊工業新聞社，1983．
谷下市松：工学基礎熱力学，裳華房，1971．

■第10章

村山　正，常本秀幸：自動車エンジン工学，山海堂，1997．
西脇仁一：熱機関工学，朝倉書店，1974．
谷下市松：工業熱力学基礎編，裳華房，1995．

■第11章

甲藤好郎：伝熱概論，養賢堂，1964.

中山　顕，桑原不二朗，許　国良：熱流体力学，共立出版，2002.

Rohsenow, W. M. and Choi, H.: Heat, Mass and Momentum Transfer, Prentice-Hall, 1961.

■第12章

JISハンドブック7，機械要素，日本規格協会，2001.

日本機械学会編：機械工学便覧，日本機械学会，1987.

日本機械学会誌，特集：基盤技術の世界標準戦略，Vol. 102, No. 966, 293, 1999.

日本機械学会誌，特集：地球と共生する技術・社会システム，Vol. 100, No. 947, 1013, 1997.

日本機械学会誌，特集：高度情報化時代のモノづくり，Vol. 103, No. 977, 195, 2000.

■第13章

Amstead, B.H., Ostwald, P.F. and Begeman, M.: Manufacturing Processes, 7 th ed., John Wiley & Sons, 1979.

Dudley, D.W.: Gear Handbook, McGraw-Hill, 1962.

加藤　仁，藤井　洋，丸井悦男：機械工作法，森北出版，1984.

機械製作法研究会：最新機械製作，養賢堂，1974.

Roberts, A.D. and Lapidge, S.C.: Manufacturing Processes, McGraw-Hill, 1977.

索　引

ア　行

亜共析鋼　14
圧縮応力　18
圧縮性流体　93
圧縮点火機関　154
圧力方程式　97
穴あけ加工　197
安定　85
安定判別　86

行き過ぎ時間　83
行き過ぎ量　83
位相線図　90
移送法　73
板　17
一次変形領域　194
インボリュート曲線　177

渦度　97
運動方程式　52
運動量厚さ　113
運動量の式　167

液体　93
ATC　195
NPL型　191
エネルギーの式　167
エネルギー保存則　120
エネルギー保存の原理　130
A_2 変態　12
A_3 変態点　12
A_4 変態点　12
エンタルピー　133
エントロピー　143, 145

カ　行

オイラー
　――の運動方程式　96
　――の座屈荷重　44
　――の理論ヘッド　123
オイラー曲線　46
オイラー的見方　96
往復動内燃機関　152
応力　18
応力度　18
オーステナイト　14
オットーサイクル　153
オリフィス　98
温度境界層厚さ　162

カ　行

灰色体　172
回転運動　49, 56
回転支持　24
回転半径　34
外乱　78
外力(荷重)　17
開ループ制御系　78
開ループ伝達関数　86
可逆変化　130
過共析鋼　15
殻　17
角加速度　55
拡散燃焼　151
角速度　55
核沸騰　170
過減衰　62
加工性　9
ガスタービン機関　155
加速度　50
加速度ベクトル　75
ガソリン機関　152

過渡応答　83
過渡特性　83
過熱蒸気　157
過熱度　170
カルノーサイクル　141
カルマン渦　117
カルマンの速度欠損則　108
乾き度　157
環境汚染物質　152
換算長さ　45
慣性系　49
慣性の法則　52
慣性モーメント　34, 56
慣性力　54
完全流体　93
ガンドリル　198

機械　1, 65
機械材料の選択　7
器具　66
危険断面　34
機構　65
きさげ加工　192
基準ゲージ　191
機素　67
基礎円　177
基礎式　36
擬塑性流体　103
気体　93
気体定数　134
逆圧力勾配　113
CAD　184
キャビテーション　125
吸収率　172
給水ポンプ　157
境界　129

索引

境界条件　36
境界層　110
境界層厚さ　112
境界層制御　114
境界層方程式　94
凝縮　169
共振点　63
強制振動　58
強制対流　160
共析鋼　14
共析反応　14
極　85
極指定制御法　92
極小熱流束点　170
局所レイノルズ数　165
極配置制御法　92
曲率中心　31
曲率半径　31
金属間化合物　13
金属材料の結晶構造　10
金属製直尺　188

クエット流　103
クッタ-ジューコフスキーの定理　102
クッタの条件　102
グラスホフ数　166
クロジュースの積分　144, 145

系　77, 129
経済性　10
形式数　125
形態係数　172
ゲイン線図　90
結晶構造　11
限界ゲージ　191
研削加工　203
研削砥石　203
減衰　61
減衰係数　84
減衰性　83
減衰比　62
限定対偶　68
限定連鎖　70

工業仕事　132, 133
合金工具鋼　193
合金の結晶構造　12
工具材料　192
工具の自動交換装置　195
高次対偶　68
格子定数　11
剛性　17, 58
剛性率　21
高速度鋼　193
剛体　48
光明丹　192
後流　115
互換性　191
黒体　172
コーシー―リーマンの関係式　100
固定支持　24
固定連鎖　69
コーテッド工具　193
固有角周波数　84
固有角振動数　60
固溶体　13
孤立系　146
コンカレントエンジニアリング　186
混合対流　161
コンパレータ　190

サ 行

最終値　83
再生サイクル　159
細長比　45
最適減衰係数　89
再熱サイクル　159
最密六方格子　12
座屈　43
座屈応力　46
座屈荷重　43
座屈長さ　45
サーメット　193
作用・反作用の法則　53
3節対偶　69
3対偶素節　69

CAE　185
シェービング　201
時間疲れ強さ　8
磁気変態　12
軸　40
治具中ぐり盤　199
ジグボーラ　199
次元　58
時刻歴応答　63
システム　77
自然対流　160
実質微分　96
質点　48
質量保存式　167
時定数　85
支点　24
自動制御系　77
自動制御装置　77
CBN　193
絞り変化　138
湿り蒸気　157
湿り度　157
写像法　73
射度　172
周囲　129
周期　60
自由振動　58
自由せん断乱流　116
集中荷重　25
自由度　58, 69, 71
周波数　63
周波数応答　90
ジューコフスキーの仮定　102
ジューコフスキー変換　102
瞬間中心　72
純金属の結晶構造と変態　11
純曲げ　30
蒸気　156
蒸気原動機　156
蒸気タービン　158
使用条件や環境に対する性質　9
冗長性設計　183
蒸発潜熱　171
自励振動　58

索引

靭性 8
真直はり 24
振動 57
振動数 60
振動数比 63
侵入型固溶体 13

水車 118
垂直応力 18
垂直ひずみ 20
数値流体力学 105
数理解法 71
スカラー 74
すくい角 194
すくい面 194
図式解法 72
図心 24
すすみ対偶 68
ストローハル数 117
寸法の計測 188

制御 77
制御器 86
制御対象 77, 86
制御要素 78, 86
成形加工 204
成績係数 141
製造物責任法 182
整定時間 83
静力学 49
節 69
切削加工 192
接線ひずみ 20
セメンタイト 14
セラミック 193
遷移沸騰域 170
遷移レイノルズ数 104
線形システム 79
線形定係数システム 79
旋削加工 195
せん断応力 19, 30
せん断加工 204
せん断弾性係数 21
せん断ひずみ 20
せん断力 18, 27

せん断力線図 28
旋盤 195
線ひずみ 20

相 12
創成法 199
相当細長比 46
層流 166
層流境界層 111
層流底層 109
速応性 83
速度 50
速度ベクトル 75
塑性学 17
塑性加工 204
塑性体 48

タ 行

ダイアモンド 193
ダイアルゲージ 190
帯域幅 90
第1種の永久運動機関 130
対偶 67
対偶素 67
体心立方格子 11
対数分布則 109
体積弾性係数 21
体積ひずみ 20
体積膨張率 20
第2種の永久運動機関 140
ダイラタント流体 103
立ち上がり時間 83
縦軸 31
縦弾性係数 8, 21
縦ひずみ 19
ターボ形機械 118
ダランベールの背理 99, 102
たわみ角 35
たわみ曲線 31, 35
単位ステップ応答 83
単位フィードバック制御系 86
単位胞 11
単純支持 24
弾性学 17
弾性体 48

単節 69
鍛造加工 204
炭素鋼 13
——の状態図 13
——の熱処理 15
——の標準組織 14
——の変態 14
炭素工具鋼 193
断熱系 146
断熱変化 137
断面1次モーメント 33
断面係数 34
断面2次極モーメント 42
断面2次モーメント 33, 57

力のモーメント 55
置換型固溶体 13
チャック 195
鋳造法 203
中立軸 31
中立面 31
超硬合金 193
調和関数 99
直角応力 18
直結フィードバック制御系 86

疲れ 8
疲れ強さ 8
強さ 7, 17

定圧比熱 135
低次対偶 68
定常特性 83
定常偏差 87
ディーゼル機関 154
ディーゼルサイクル 154
定容比熱 135
滴状凝縮 171
伝達関数 79
伝熱工学 160

等圧変化 136
等温変化 137
等角写像 101
同素変態 12

212　　　索　引

等方性乱流　94
等容変化　136
動力学　49
特性根　85
特性方程式　85
閉じた系　129
　　──のエネルギー式　131
砥粒　203
ドリル　197
トルクコンバータ　128
鈍頭物体　116

ナ 行

ナイキスト線図　90
ナイキストの方法　86
内部エネルギー　131
内力　18
中ぐり加工　198
流れ関数　100
流れ仕事　132
ナビエ-ストークスの方程式
　　94, 104

逃げ角　194
逃げ面　194
二次変形領域　194
2節対偶　69
2対偶素節　69
ニュートンの運動の法則　52
ニュートンの粘性法則　103

ヌッセルト数　166
ヌッセルトの式　171

ねじり応力　40
ねじり剛性　42
ねじりの断面係数　42
熱応力　23
熱機関　141, 150
熱効率　141
熱伝達　160
熱伝達率　162
熱伝導　160
熱伝導方程式　163
熱伝導率　161

熱放射　160
熱力学の第1法則　130
熱力学の第2法則　140
熱流束　161
粘り強さ　8
燃焼　151
粘性係数　94
粘性減衰　61
粘性減衰係数　61
粘性底層　109

ノギス　189
ノッキング　154

ハ 行

排除厚さ　113
歯切り加工　199
ハーゲン-ポアズイユ流　107
柱　43
パス　189
バッファ域　109
バーニア　189
パーライト　14
はり　24
バーンアウト点　170
非圧縮性流体　93
非慣性系　50
ピークゲイン　90
ピーク周波数　90
被削材　192
比速度　125
ピッチ面　178
引張応力　18
ピトー静圧管　98
ヒートポンプ　141
　　──の成績係数　141
ピニオン形工具　200
比ねじり角　41
比熱　135
比熱比　135
火花点火機関　152
表面力　48
開いた系　129
　　──のエネルギー式　132

ビンガム流体　103
不安定　85
フィードバック経路　78
フィードバック制御系　78
　　──の伝達関数　86
フィードバック伝達関数　86
フィードフォワード制御系　78
フェイルセーフ設計　182
フェライト　14
不可逆変化　130, 139
負荷に耐える強さ　7
副尺　189
復水器　157
複節　69
複素ベクトル　74
不限定対偶　68
不限定連鎖　70
フックの法則　21
物体力　48
沸騰　169
沸騰曲線　170
普遍平衡理論　95
フライス加工　195
フライスカッタ　197
プラグゲージ　191
フラッター現象　114
プラントル数　166
プラントルの壁法則　108
プール沸騰　170
フールプルーフ設計　182
ブレイトンサイクル　155
プレス加工　204
ブローチ　199
ブローチ加工　199
ブロックゲージ　191
ブロック線図　78
分布荷重　25
噴流　115

平衡状態　139
並進運動　49, 56
平坦度　192
閉ループ制御系　78
ベクトル　74

ベルヌーイの定理　97
変位ベクトル　75
偏差　78
変態　12
ベンチュリー管　98

ポアズイユの法則　106
ポアソン数　20
ポアソン比　20
ボイラ　158
ボイル-シャルルの法則　134
棒　17
放射能　172
放射率　172
飽和蒸気　157
ボード線図　90
ホブ　200
ホブ盤　200
ポリトロープ指数　138
ポリトロープ変化　138
ボルツマン定数　172
ポンプ　118

マ 行

マイクロメータ　190
$-5/3$ 乗則　95
前向き伝達関数　86
曲がり歯かさ歯車　201
曲がりはり　24
膜状凝縮　171
マグネットスタンド　190
膜沸騰域　170
曲げ応力　30
曲げ剛性　34

曲げこわさ　34
曲げモーメント　27
曲げモーメント線図　28
マコーレの記号　36
摩擦係数　107
摩擦速度　108
マシニングセンタ　196
まわり対偶　68

ミリングカッタ　197

面心立方格子　11
面積モーメント　33

目標値　78
モジュール　179
ものさし　188

ヤ 行

焼入れ　16
焼切れ　170
焼なまし　15
焼ならし　15
焼戻し　16
ヤング率　21

油圧伝動装置　128
有限要素法　185

容積形機械　119
横弾性係数　21
横ひずみ　20
予混合燃焼　151
よどみ点　98

4 節対偶　69
4 対偶素節　69

ラ 行

ラウス-フルビッツの方法　86
ラグランジュ的見方　96
ラック形工具　200
ラプラスの方程式　99
ラプラス変換　80
　——の変数　80
ランキンサイクル　157
乱流　166
乱流境界層　111

理想気体　134
理想流体　93
流線　97
流体機械　118
流体継手　128
流体力学　93
流動沸騰　170
臨界減衰　62
臨界減衰定数　62

ルーロー　65

冷凍機　141
　——の成績係数　141
レイノルズ応力　94
レイノルズ数　104, 165
レイノルズの相似則　105
連鎖　69
連続の式　95

科学技術入門シリーズ1
機械システム工学入門

定価はカバーに表示

2002年4月15日 初版第1刷

著者
竹園岩成大髙蒔池三小中加藤
永田木田尾田沼山藤井
茂弘吉敦章秀　紘義
男之弘巳二治茂史昭顕章洋

発行者　朝　倉　邦　造

発行所　株式会社　朝　倉　書　店
東京都新宿区新小川町 6-29
郵便番号　162-8707
電　話　03(3260)0141
Ｆ Ａ Ｘ　03(3260)0180
http://www.asakura.co.jp

〈検印省略〉

© 2002 〈無断複写・転載を禁ず〉

ISBN 4-254-20501-5　C 3350

シナノ・渡辺製本

Printed in Japan